自动化数据质量控制检查和程序手册指南

National Data Buoy Center 著

刘愉强 郭少琼 朱鹏利 译

U0195156

海洋出版社

2018 年·北京

图书在版编目（CIP）数据

自动化数据质量控制检查和程序手册指南/美国国家资料浮标中心著；刘愉强，
郭少琼，朱鹏利译．—北京：海洋出版社，2018.1

书名原文：Handbook of AutomatedData Quality ControlChecks and Procedures

ISBN 978-7-5210-0010-8

Ⅰ.①自…　Ⅱ.①美…　②刘…　③郭…　④朱…　Ⅲ.①海洋监测–自动化监测系
统–质量控制–美国–指南　Ⅳ.①P717–62

中国版本图书馆 CIP 数据核字（2017）第 321159 号

责任编辑：鹿　　源
责任印制：赵麟苏

海洋出版社　出版发行

http://www.oceanpress.com.cn

北京市海淀区大慧寺路 8 号　邮编：100081

北京文昌阁彩色印刷有限公司印刷　新华书店北京发行所经销

2018 年 1 月第 1 版　2018 年 1 月第 1 次印刷

开本：787mm×1092mm　1/16　印张：5.75

字数：110 千字　定价：65.00 元

发行部：62132549　邮购部：68038093　总编室：62114335

海洋版图书印、装错误可随时退换

《自动化数据质量控制检查和程序手册指南》翻译人员名单

组　长　王伟平　关健宾

副组长　彭昆仑　蒋俊杰　陈嘉辉

编　译　刘愉强　郭少琼　朱鹏利　徐圣兵　陈智敏

译者序言

联合国缔约国大会的文件认为，21世纪是海洋世纪。海洋是人类生存之源，是国家走向世界的通道，是发展经济的重要空间，是国家参与国际事务的重要舞台。海洋防灾减灾、海洋权益维护、海洋经济发展、海洋污染防治、海洋生态保护等各项海洋工作的开展，须从认知海洋空间、了解海洋现象、寻求反映机理、探讨演变过程、发现海洋秘密、总结海洋规律等逐步做起，先进的海洋观测网和预报服务系统，为海洋工作提供海洋环境保障服务。为此，联合国政府间海洋学委员会于1993年牵头组织和实施了全球海洋观测系统计划，目前已发展为13个区域性观测系统和多个专题观测计划。在此计划引领下，全球海洋观测能力稳步增强。经过多年发展，我国目前已基本拥有包括海洋站（点）、雷达、海洋观测平台、浮标、移动应急观测、志愿船、标准海洋断面调查和卫星等多手段的海洋观测能力，形成了以覆盖近海为主的中国近海海洋观测网，对海空、海面、海水、海底等发生的物理、化学、生物、地质现象和过程进行观察、感知、测量、记录、分析。

随着海洋强国建设的不断推进，进一步提升我国的全球海洋观测能力显得越来越重要。国家"十三五"规划中明确提出，要统筹规划国家海洋观（监）测网布局，推进国家海洋环境实时在线监控系统和海外观（监）测站点建设，逐步形成全球海洋立体观（监）测系统。根据我国海洋观（监）测事业发展需求，全球海洋立体观测网初步设计为国家海洋观（监）测系统和全球海洋观（监）测能力建设两大部分，并开展配套的数据传输、服务、综合保障能力建设。国家海洋观（监）测系统将由海洋站网、海洋雷达站网、浮标网、海底观测网、标准海洋断面、海洋生态监测点网、卫星海洋观（监）测系统、志愿

1

船队、剖面漂流浮标网、漂流浮标网和海洋机动观（监）测系统组成，覆盖我国管辖海域，具有高密度、多要素、全天候、全自动等特点。

海洋环境观（监）测质量控制是为达到观（监）测质量要求所采取的技术和活动，是海洋环境观（监）测工作中的重要组成部分，是保证观（监）测数据质量的主要措施之一。质量控制采用全过程控制方法，确保观测数据符合标准的精度要求。

《自动化数据质量控制检查和程序手册指南》一书由美国海洋资料浮标中心对自动观（监）测网的数据如何进行自动化质量控制处理以及对质量控制理论方法、流程、计算程序、关键系数取值等进行了系统研究。因此，我们组织翻译了该书，供我国自动观（监）测网数据控制培训教程或为相关领域技术人员作为参考。囿于作者水平的限制，书中不当与错误之处实在难免，恳请广大读者不吝指教。

译者

2017 年 10 月于广州

目　录

1　前言 ·· （1）

1.1　目的 ·· （2）

1.2　数据用途 ·· （2）

1.3　国家资料浮标中心质量控制程序 ·························· （2）

2　数据流和处理 ·· （5）

2.1　数据表 ·· （5）

2.2　实时处理 ·· （8）

2.2.1　自动质量控制 ·· （9）

2.2.2　传输错误 ·· （9）

3.　国家资料浮标中心测量 ·· （11）

3.1　国家资料浮标中心装备 ···································· （11）

3.2　传感器层次分配 ·· （12）

3.3　标准测量要素 ·· （12）

3.3.1　气压 ·· （13）

3.3.2　风测量 ·· （13）

3.3.3　温度 ·· （15）

3.3.4　气温 ·· （16）

3.3.5　水温 ·· （16）

3.3.6　海浪评估 ·· （16）

3.3.7　非定向海浪评估 ······································ （17）

3.4　海浪方向评估 ·· （18）

3.4.1　用于海啸检测的水柱高度 ···························· （20）

3.5　非标准测量 ·· （20）

3.5.1　相对湿度 ·· （20）

3.5.2　海洋传感器 ·· （21）

3.5.3　降水 ·· （26）

3.5.4　太阳辐射测量 ································· (26)

3.5.5　能见度 ······································· (26)

3.5.6　水位测量 ····································· (27)

4　质量控制算法和警告标记 ···················· (28)

4.1　质量控制算法 ································· (28)

4.1.1　范围检查 ·································· (29)

4.1.2　时间连续性 ································ (30)

4.1.3　风暴限制 ·································· (32)

4.1.4　层次反转和重复传感器检查 ················· (32)

4.1.5　内部一致性 ································ (33)

4.1.6　波浪验证检查 ······························ (34)

4.2　国家环境预报中心场 ··························· (37)

4.2.1　连续风检查 ································ (37)

4.2.2　海洋传感器算法和检查 ····················· (38)

4.3　国家资料浮标中心标记 ························· (42)

4.3.1　硬性标记 ·································· (42)

4.3.2　软性标记 ·································· (45)

4.4　数据质量报告和图形 ··························· (47)

4.5　报告和图形 ··································· (48)

4.5.1　国家资料浮标中心可视化工具套件(VTS) ······· (48)

4.5.2　国家资料浮标中心绘图服务器 ················ (48)

4.5.3　用户指定报告 ······························ (49)

参考文献 ··· (51)

附录 A　NDBC 气象站观测标识符 ··············· (53)

附录 B　相对湿度的转换 ······················· (59)

附录 C　大气能见度的测量 ····················· (60)

附录 D　质量控制算法 ························· (62)

附录 E　质量控制标记 ························· (72)

附录 F　海啸测量的 ASCII IDS ················· (74)

缩略语词汇表 ···································· (79)

1 前言

国家资料浮标中心是国家海洋大气管理局、国家气象局的一个组成部分，负责来自 100 多套锚碇浮标、50 个自动观测网站位、55 个热带大气海洋浮标和 39 个深海海啸评估及预警系统资料的运行和质量控制。国家资料浮标中心控制和分发来自 570 多个机构的数据，如环境数据综合海洋观测系统（约 300 站），国家海洋局（约 200 个站）和矿产管理服务局（约 70 个站）（请参阅 http：//www. ndbc. noaa. gov/ioos. shtml 国家资料浮标中心网页）。这些观测站获得环境数据主要用于天气预警报，分析和预测。浮标数据也用于为天基观测平台提供地面实况测量，并为工程应用、气候调查和空气—海洋相互作用研究建立长期的环境记录。国家资料浮标中心具有研发各种要素观测的能力，包括：

- 气压
- 风向，风速和阵风
- 气温和水温
- 波能谱（无方向性和方向性）
- 水柱高度（海啸检测）
- 相对湿度
- 海流流速
- 降水
- 盐度
- 太阳辐射
- 能见度
- 水位和水质

国家数据浮标中心、IOOS 计划、国家海洋局、矿产管理局等组成的观测网由分布在远海和美国近岸的绝大多数观测站组成，包括阿拉斯加，夏威夷和北美五大湖。这些站点数据的准确性十分重要。海事各种操作安全都是依靠这些数据提供保障的，而且在通常情况下，观测网通过远程控制获得那些非常缺乏数据区域的可靠实时数据。

1.1　目的

本手册介绍了用于确保国家资料浮标中心自动化质量控制程序处理的测量数据的准确性。它可以作为国家资料浮标中心新员工培训教程或为有经验的人员提供参考。这本手册包含了 Tapered QC 的材料和国家资料浮标中心 98-03 技术文件（1998 年 8 月），并取代了 1996 年 1 月和 2003 年 2 月两个早期手册版本。

1.2　数据用途

国家资料浮标中心实时数据主要提供给国家气象局用于发出警告，分析，预测和初始化数值模型。公众可以通过国家资料浮标中心网站实时访问数据。国家海洋大气管理局和外部用户可以通过国家海洋大气管理局实时访问数据（http：//www.ndbc.noaa.gov/ioos.shtml）以了解更多信息。每月，国家资料浮标中心将其管理的浮标网和沿海海洋自动观测网的前一个月数据进行更深质量控制和处理后归档到国家气候数据中心、阿什维尔、NC 和国家海洋学数据中心、Silver Spring，MD。历史数据也可在国家资料浮标中心网站上获得。存档的数据必须是通过所有自动化质量控制检查并进行手工审查的数据，且符合国家资料浮标中心标准的准确数据。

热带大气海洋浮标、深海海啸评估及预警系统获取数据的归档是在部署后，而不是按月进行。热带大气海洋数据在国家海洋学数据中心存档之前进行延迟模式质量控制过程。深海海啸评估及预警系统数据在档案之前没有质量控制。数据打包并发送到国家地球物理数据中心备案。

合作伙伴数据没有通过国家资料浮标中心在国家气候数据中心或国家海洋学数据中心归档；合作伙伴有责任归档他们的数据。这些合作伙伴站点的历史数据可以通过国家资料浮标中心的网站上找到。

1.3　国家资料浮标中心质量控制程序

国家资料浮标中心质量控制程序的主要目标是确保国家资料浮标中心和合作伙伴的传感器系统观测数据符合国家资料浮标中心总系统精度。国家资料浮标中心总系统精度可以定义为国家资料浮标中心的观测数据和真实环境值之间的差值。它是传感器精度、由浮标或平台引起的误差，在一定程度上，我们可以在远程环境中监控测量。有关国家资料浮标中心装备的系统精度（即板载处理器），请参阅国家资料浮标中心网页（http：//www. NDBC. NOOA. gov/rsa. shtml）。然而，国家资料浮标中心认为，在特殊领域的比较中，现场获取的精度往往远远好于这些描述的精度。在表 1 给出了在同一浮标上的重复传感器或通过校准后的精度。

表 1 还列出了世界气象组织（WMO）要求的标准（2006 年）。当重复传感器可用时，精度通过既定的方式计算——计算偏差的均方根组合（或超过一个月的平均差）和标准偏差差异。

这些精度通常要比整个系统的精度好得多。例如，风速的总体系统精度为 ±1 m/s。说 NDBC 状态系统的精度保守，有两个原因：首先，这说明了我们能够在实地对测量进行质量控制的程度，监控工具如与数值模型、图形显示和任何结果的比较分析，不允许我们确定风速有 0.5 m/s 的误差；第二，有一些罕见的环境条件，如大浪，这可能暂时阻碍我们达到预期的准确性。

表 1 现场比测达到的精度

测量要素	WMO 需求	NDBC 精度	依据
气温	0.1℃	0.09℃	重复传感器的比较
水温 *	0.1℃	0.08℃	重复传感器的比较
露点	0.5℃	0.31℃	校准后的
风向	10°	9.26°	相邻浮标的比较
风速	0.5 m/s 或 10%	0.55 m/s	重复传感器的比较
海平面气压	0.1 hPa	0.07 hPa	重复传感器的比较
波高	0.2 m 或 5%	0.2 m	标准对照
波周期	1 s	1 s**	标准对照
波向	10°	10°	标准对照

* 水温采用浮标内部热敏电阻。海洋温度是直接与水接触。

** 波周期大于 10 s 的分辨率大于 1 s

由工程师、气象学家、计算机科学家和其他专家组成的国家资料浮标中心技术服务合同承包商对国家资料浮标中心发起的指令提供技术支持。数据质量分析师在国家资料浮标中心数据组装中心检查数据的日常质量，从这些用于存档的数据集中删除有问题数据，禁止有疑问的数据进一步公开发布。国家资料浮标中心数据系统部门的物理学家和计算机科学家开发、测试和实施自动质量控制程序。

国家资料浮标中心质量控制程序可以分为两部分。

首先，由坐落在 Silver Spring MD 的国家气象局远程通信网关上的计算机进行实时自动质量控制检查。第一类是检测通信传输错误和传感器总故障的严重错误检查。由这些检查标记的数据几乎肯定是错误的。然而，当预料到风暴或其他不寻常的环境现象会产生正常但有效的测量时，这些检查就可以被推翻。第二类自动检查标识的数据可能不是严重错误的，只是出于某种原因而怀疑。这两类数据在 24 小时内经 NTSC 的数据质量分析师额外审查后可以发布。他们使用计算机生成的辅助工具、图形显示和其他自动质量控制检查的结果进行手工检查，以确定系统和传感器是否轻微老化。分析师还负责整合与比较国家资料浮标中心数据与相关国家气象局和国家环境卫星数据及信息服务（国家环境卫星，数据和信息服务）产品，如天气观测，数值天气分析和预报，气象雷达和卫星图像。

2 数据流和处理

对国家资料浮标中心数据的流程和处理的讨论将有助于理解国家资料浮标中心质量控制流程。本节介绍国家资料浮标中心及其用户获取国家资料浮标中心数据使用的最重要的数据路径，还简要介绍了在数据生产过程中应用自动化质量控制的主要步骤。

2.1 数据表

图 1 通过地球静止运行环境卫星表示了沿海海洋自动化网和锚碇浮标传输数据的路径。图 2 描述了通过 Iridium Satellite LLC（简称铱星）的服务和系统。

对于国家资料浮标中心操作平台，每个传感器数据的采集和遥测平台由称为"装备"的板载微处理器控制。海上站点平台的数据主要通过地球静止环境卫星传输到在瓦洛普斯岛 VA 的国家环境卫星中心（GOES）的数据采集和处理系统（DAPS），如图 1 所示（当瓦洛普斯岛 VA 的数据链路或系统关闭的时候，国家资料浮标中心有一个地面接收站接收传感器的数据）。然后，无论数据采集和处理系统或地面接收站的数据都由专线传输到国家资料浮标中心在国家气象局远程通信网关的计算机系统进行备份，在这个系统中进行数据分析及译解电子信号，执行自动化质量控制检查，并按照世界气象组织标准格式生成报告（C-MAN 观测站数据报告使用美国国家代码的形式，C-MAN 代码类似 WMO FM12 一览表代码）。数据在国家资料浮标中心计算机处理之后，通过专线被发送到国家气象局远程通信网关，在那里进行发布。这些实施报告以集体公告的形式通过国家气象局家庭服务网、全球电信系统和国家海洋大气管理局专题报告向公众发布。世界气象组织收到国家资料浮标中心通过国家海洋大气管理局网页的报告后用于更新国家资料浮标中心网站实时观测数据。不同的是，涉密的报告在国家气象局远程通信网关产生后，在传输处理和质量控制时被做标记，仅发送给国家资料浮标中心。这些公告包含在所有国家资料浮标中心管理运行站点获取的完整数据集之中，并用于实时更新国家资料浮标中心在密西西比州斯坦尼斯空间中心的数据

5

库。国家资料浮标中心的数据质量分析师访问数据库以记录标记数据的发生并进一步进行质量控制。

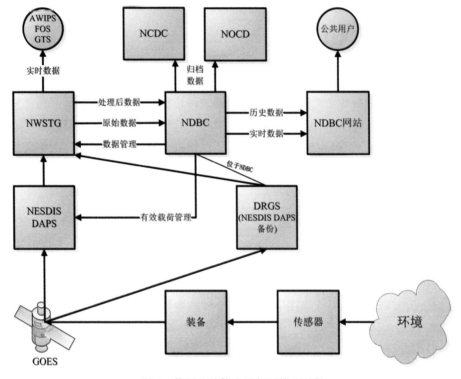

图 1　使用地球静止运行环境卫星的
沿海海洋自动化网和锚碇浮标数据路径

　　有些观测站通过铱星卫星将数据传输到夏威夷或亚利桑那州的铱星网关（图2）。然后使用数据专线传到在国家气象局远程通信网关中专门用于国家资料浮标中心铱星数据的服务器上，这些数据同样被备份到由地球静止运行环境卫星传输到的国家气象局远程通信网关中的计算机上。在这一点上，来自铱星站的数据发送与上述通过地球静止运行环境卫星的数据发送过程相同。铱星站通信具有双向通信能力，从国家资料浮标中心到浮标的通信被称为反向信道能力，国家资料浮标中心可以直接发送命令给浮标。国家资料浮标中心人员使用应用程序，通过连接国家气象局远程通信网关的专为铱星数据用的服务器，发送指令，这些指令链接到铱星网关，然后到铱星卫星，并下至装备，目的是开通返回通道命令，允许国家资料浮标中心排除故障或远程维护装备。数据管理信息和参数以及正确处理数据，都在斯坦尼斯空间中心的国家资料浮标中心数据库进行维护和更新。信息

6

在国家资料浮标中心数据库中进行更改时，国家气象局远程通信网关的国家资料浮标中心备份计算机也同步更新。这些信息主要是包括定标参数、质量控制阈值或指令以防止失效的传感器测量数据发布的指令。在平台数据表格中设置的管理信息，如地球静止运行环境卫星频道，都在国家资料浮标中心保存、维护和更新。国家资料浮标中心人员远程登录到服务器或者与 DAPS 人员商量管理这些信息。

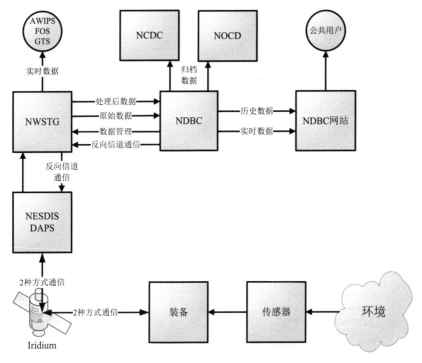

图 2　使用铱星卫星的沿海海洋自动化网和锚碇浮标数据路径

　　如果在国家气象局远程通信网关或数据采集和处理系统发生系统故障，地面接收站将被允许处理国家资料浮标中心原始数据，它们是用来测试或作为备份更新数据库。合作伙伴站以不同的方式向国家资料浮标中心提供数据。对于大多数合作伙伴，国家资料浮标中心将与合作伙伴创立文件传输协议来发送他们的数据。国家资料浮标中心通过文件传输协议从国家海洋局服务器获取数据。其他合作伙伴允许国家资料浮标中心使用 Web 服务提取数据。所有合作伙伴数据都是被传到在国家气象局远程通信网关的国家资料浮标中心计算机进行备份，在这里，与国家资料浮标中心管理的站点一样，数据须通过质量控制过程。

使用铱星通信的 DART 第二代海啸浮标的数据传输与使用铱星卫星的气象浮标传输数据类似。海底的传感器通过声学方式将数据发送到水面浮标上。水面浮标记录数据后，通过铱星将数据发送至亚利桑那州 Tempe 市的服务器上。然后用数据专线传到国家资料浮标中心与国家气象局远程通信网关共同管理的服务器上，在那里跟气象浮标数据方式一样进行处理和传播。如前所述，海啸警报中心和国家资料浮标中心可以通过反向信道通信方式向传感器发送指令。

2.2 实时处理

绝大多数自动质量控制检查是在国家气象局远程通信网关的国家资料浮标中心的计算机上进行实时处理。少数需要数据检查，不可以在国家气象局远程通信网关的处理过程中使用，但是，经国家资料浮标中心应用程序运行后，可插入到数据库。其中一个例子是国家资料浮标中心观测的数据和国家预报中心数值模拟出的数据的比较。

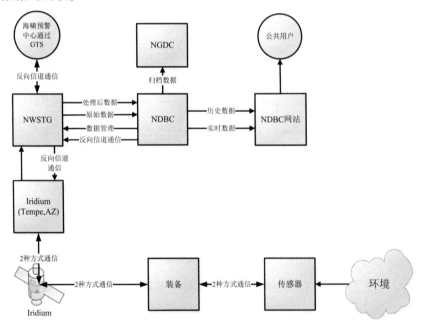

图 3　第二代深海海啸评估及预警系统数据流程

2.2.1　自动质量控制

图 4 中描绘了国家气象局远程通信网关在实时处理数据过程的流程。当未处理的数据从合作伙伴的数据采集和处理系统或 Iridium 到达国家气象局远程通信网关时，就依据这个流程进行质量控制处理。第一步涉及提取原始消息数据并将其转换为有意义的物理单元。这个过程不只是解码原始数据，还应用定标因子，执行计算派生数据。质量控制程序是自动化过程中的第一点应用。是否由于信息截断或误码造成的原始数据被检查，如果波浪和连续风测量数据包含错误信息，则会被硬标记，且不允许发布。其他测量数据，由于在传输过程中因错误而丢失，也会被识别并单独标记。接下来的步骤是质量控制算法的应用，这是根据质量控制参数检查测量值，必要时进行硬标记或软标记。数据也存储在随后的小时连续性算法中。

从发布中删除被标识为硬标记的错误的测量结果，并且在适当的报表位置生成适当的编码消息并分组传输。生成包含所有测量和标记的秘密报表被传送到国家资料浮标中心，以更新国家资料浮标中心数据库。过程监控允许国家资料浮标中心的人员在国家气象局远程通信网关监控信息流程。

在这个过程中的每个步骤，参数管理器应用了适当的参数，这些参数包括标定系数、质量控制限制、选择的传感器层次名称和输出报表的组织。通过国家资料浮标中心，企业维护管理信息系统数据分析师将更新、维护后的参数录入到国家资料浮标中心数据库。每当进行更改时，同时会将其传输到国家气象局远程通信网关更新参数文件。

2.2.2　传输错误

如果接收到的原始数据被认定为被截断或具有传输奇偶校验错误，在国家气象局远程通信网关从数据采集和处理系统以及在铱星获取时会被标记上特殊符号。而数据提取程序不管信息是否被标记为包含错误，都将尝试解码原始信息中的所有可用数据。由于传输错误而不能解码的测量数据被识别出来并标记为丢失。如果波浪和连续风数据信息发现包含错误字符串，将被硬标记且不能发布。如果需要的话，当发现来自数据采集和处理系统或 Iridium 的数据因有传输错误而被标记，站点可以被设置为不发送任何数据。这种功能很少使用，由于数据提取程序非常强悍，很少发现因传输错误而解码和发布错误数据。该功能使用参数控件被设置在企业管理信息系统数据库接口上，随后设置在国家气象局远程通信网关上。

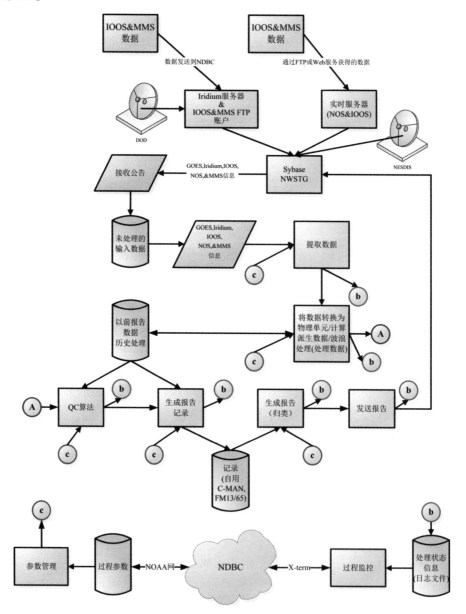

图4　在国家气象局远程通信网关的国家资料浮标中心实时处理流程

3 国家资料浮标中心测量

本章简要地描述了国家资料浮标中心测量及相关仪器设备、传感器和用于进行这些测量的技术。在各个常规测量中，也简单说明了传感器和其基本操作原理。对国家资料浮标中心合作伙伴的传感器描述不包括在本章内。但是，它们的参数进行相同的自动化质量控制检查。

为了获得国家资料浮标中心观测站各个小时运行监控情况，需要进行一些诊断、内务处理、测量等工作。

国家资料浮标中心观测站每小时都进行一些诊断或内务测量，以监控观测站性能。这些测量结果（例如，电池电压和充电电流）由国家资料浮标中心数据质量分析师和监测工程人员进行系统性评估和故障排除。这些测量结果在国家资料浮标中心数据库中保留，但不归档在国家气候数据中心或国家海洋学数据中心。还有一些不直接检查的测量结果，例如与风向和风向分量相关的。除非测量被用于自动化质量控制检查，这些部分在本章可能没有描述。在附录 A 到附录 F，列出非常多常用的国家资料浮标中心地球物理和工程测量标识符。

3.1 国家资料浮标中心装备

有许多装备用于获取和传输国家资料浮标中心测量结果。现在正在运作中使用的装备是在不同时间开发的，在尺寸、功耗和计算能力上有很多区别。下列是正在使用中的装备：

- 数据采集和控制遥测电子单元；
- 价值工程环境装备；
- 多功能采集和报告系统；
- 自动报告环境系统；
- 高级模块化装备系统；
- 热带大气海洋浮标（下一代自主温度采集系统）；
- 深海海啸评估及预警系统。

最早浮标上的电子系统是数据采集与控制遥测和价值工程环境装备，都是在 20 世纪 80 年代开发的。多功能采集和报告系统装备在 1995 年投入运行，旨在取得比以前的装备更好的多功能性和可靠性。而自动报告环境系统装备在 21 世纪初期开始运作。它包含更多精致的处理器，并提供更多从多功能采集和报告系统获得的内务信息。高级模块化装备系统是目前开发的最新装备，现正在进行实地试运行。它的开发是应对处理对日益增长气候数据的需求以及实时气象和海洋数据报告。每个装备以特定的采样率和间隔，从时间序列样本中计算测量值。适当时，装备在随后的讨论中被注明。国家资料浮标中心计划更新装备，通过用高级模块化装备系统代替退役数据采集与控制遥测、价值工程环境装备、多功能采集和报告系统装备。

3.2 传感器层次分配

所有锚碇浮标和沿海海洋自动化网站点都有备份风速计，所有浮标都备份气压计。两个备份传感器中选择一个作为主传感器，另一个被指定为辅助或备用传感器。此层次结构决定了哪些传感器的数据在国家气象局远程通信网关上发布。如果主传感器的数据通过了自动严重错误质量控制检查，则会被发布。如果主传感器测量数据不能发布，且第二个传感器的测量数据通过质量控制检查，则发布从第二个传感器测量的数据。层次结构顺序不是不能改变。如果数据质量分析师认为第二个传感器执行得比主传感器好，则可通过手动修改数据库来改变层次结构。

层次结构顺序还决定哪个传感器的数据归档到国家中心。通常情况下，从提取归档的数据传感器中，可以显示其为主传感器。如果主传感器的数据已被标记为没有通过质量控制，而第二传感器的自动提取归档的数据出现通过质量控制的标记，则第二传感器的数据自动提取归档。

3.3 标准测量要素

锚碇浮标上的传感器标准配置：风速、5 秒阵风峰值、风向、气压、气温、水温和无方向波浪能谱及从无方向波浪能谱得到有效波高和主波周期。这个配置也用于沿海海洋自动化网站点，但根据沿海海洋自动化网站点的位置，水温和波浪传感器可能不包括在内。对于海啸监测，水柱高度是标准测量。

3.3.1　气压

在天气气象分析与预报中，气压及其在时间和空间上的变化至关重要。所有国家资料浮标中心平台气压测量都是通过数字无液气压计的方式获得的。压力来自平行压敏板上的电容。随着压力增加，板间电容增加。现进行以下压力值的测量。

- 压力观测站（SBAR1 或 SBAR2）是当地实际测量值（单位 hPa），由两个气压计的高程产生。
- 海平面压力（BARO1 或 BARO2）是压力观测站降低到海平面的压力（单位 hPa）。对于大多数国家资料浮标中心观测站，这非常接近观测站压力。海平面压力与压力站之间的最大压力差异来自五大湖地区。海平面压力的转换是使用"国家气象局技术程序通报"中描述的程序进行——第 291 号（国家气象局 1980；国家资料浮标中心/技术服务承包商，2007 和 WBAN，1964）。自动质量控制对所有气压测量进行检查。

许多浮标在飓风或强低压系统的路径上，具有补充测量 1 分钟平均压力数据的能力。在小时压力数据低于预定值之后记录这些数据与补充压力数据相关联的阈值（例如热带地区的 1 008 hPa）。如下面所述：

- 来自主次气压计（MN1MSLP1 和 MN1MSLP2）的最低 1 分钟气压，即在一个小时期间，主次两个气压计各测量 1 个每分钟平均气压，从这些值中找出最小值。
- 时间（MSLPMIN1 和 MSLPMIN2）是发生在 MN1MSLP1 和 MN1MSLP2 开始测量的 1 小时内。

3.3.2　风测量

风测量是国家资料浮标中心最重要的测量。它们对于海洋天气预报员至关重要。所有国家资料浮标中心气象站都进行风测量。国家资料浮标中心使用 4 叶片，叶轮驱动的风向传感器。最后的测量是从一个特定的时间长度以 1 赫兹（Hz）的最小速率的时间序列统计评价得到风。该采样率是有效载荷的函数。沿海海洋自动化网站点使用 2 分钟的采集周期数据，而锚碇浮标使用 8 分钟的采集周期数据。每小时产生的标准风测量结果如下：

风向（WDIR1，WDIR2）是风的方向从正北向顺时针方向吹。风向记录是一个单位向量的平均值。

风速（WSPD1，WSPD2）是风速的标量平均值，单位为米/秒（m/s）。沿海海洋自动化网站用节作为单位报道风速。所有风速都以米/秒单位存档。

风速最大值（GUST1，GUST2）是 WSPD1 或 WSPD2 在风记录中的最高风速。GUST1 或 GUST2 是从 5 秒平均记录中找出的最大值。

国家资料浮标中心在锚碇浮标和沿海海洋自动化网站点中还开发了具有不断采样能力的风传感器。连续风数据以 10 分钟为累积，每段产生 600 个样品，每小时 6 个 10 分钟积累。每个积累周期后，计算每段平均值并存储在临时缓冲中。积累也被存储用于稍后的小时统计处理中。该装备保存了最近的 6 次积累。在每10 分钟周期积累时，最旧的数据，即超过现在 1 个小时的数据，从内存中删除并替换为最近的。

在采集周期结束的时候，执行统计处理和输出信息将使用新的统计信息和 6个 10 分钟段进行更新。统计处理包括计算风向、风速平均值和风速标准偏差。小时的数据不代表从 0 分到 59 分之间的数据，相反它代表了最新的、完整的 6个 10 分钟段的最后一次采集。无论如何，10 分钟段分以 0 分钟、10 分钟、20 分钟等为边界。

连续风测量标识符的数字从 1 到 6。最后使用先出（最后进/出）编号方案，使第一个整 10 分钟段在开始标准小时数据采集之前，标记为 1；该 10 分钟段之前，标有 2，等等。对于大多数沿海海洋自动化网络站点 1 对应于从小时 50 分钟到 59 分钟的时段，2 对应于从 40 分钟到 49 分钟的周期，而 6 对应于周期从 0 分钟到 9 分钟。对于连续风的大多数锚碇浮标，1 对应到从 40 分钟到 49 分钟。与连续风相关的测量标识符号如下：

——连续风速（CWS1，CWS2，CWS3，CWS4，CWS5，CWS6）是相应 10分钟内主要测点的平均风速，单位为米/秒。

——连续风向（CWD1，CWD2，CWD3，CWD4，CWD5，CWD6）为相应 10分钟内的平均风向，单位为度。方向是平均单位向量风向。

——次要（或可选）风速（OWS1，OWS2，OWS3，OWS4，OWS5，OWS6）与 CWS1 至 CWS6 相同，但来自第二风传感器。

——次要（或可选）风向（OWD1，OWD2，OWD3，OWD4，OWD5，OWD6）与 CWD1 至 CWD6 相同，但来自第二风传感器。

——最大阵风（MXGT1，MXGT2）是整个小时分别来自风传感器 1 和 2 的最大 5 秒风速。

——最大阵风方向（DIRMXGT1，DIRMXGT2）为 5 秒方向，分别与 MXGT1 和 MXGT2 相关联。

——最大阵风时间（MXMIN1，MXMIN2）是分别与 MXGT1 和 MXGT2 相关的最近的观测时间。

——平均风速（AVGSPD1，AVGSPD2）是整个 1 小时风速的平均值，分别来自风速传感器 1 或 2，单位为米/秒。这是 6 次测量的标量平均值，分别为 CWS1 至 CWS6 或 OWS1 至 OWS6。

——平均风向（AVGDIR1，AVGDIR2）是 1 小时所有的单位矢量平均值风向，分别来自风传感器 1 或 2。这是 6 次测量的平均值，CWD1 至 CWD6 或 OWD1 至 OWD6。

——连续风速标准偏差（CWSTD1，CWSTD2）是分别来自风速传感器 1 和 2 超过 1 小时的风速标准偏差。

风测量要经过范围，一致性，标准偏差和阵风速度比例检查。

海拔 10 米以上风速（WSPD11，WSPD21）和海拔 20 米以上风速（WSPD12，WSPD22）的计算源于一种算法（Liu et al.，1979），即利用风速仪的高度、风速（WSPD1 或 WSPD2）、恒定 85% 相对湿度、恒定 1 013.25 hPa 海平面压力以及气温（ATMP1 或 ATMP2）或水温（WTMP1）。如果气温或水温都不可用，则假定中性稳定性。但假定中性稳定可能引入高达 5% 的错误。如果两者都丢失，那么也不是 10 米或 20 米处的风速了。

在处于飓风或强烈低压路径上的系统，许多浮标具有补充测量 1 分钟平均风力数据的能力。与补充风相关的标识符如下：

——最大 1 分钟的风速（单位米/秒）和风向（MX1MGT1 和 MX1MGT2）（DMX1MGT1 和 DMX1MGT2），即在 1 个小时期间，主次两个风传感器各测量 1 个每分钟平均值，从这些值中找出最大值。

——时间（MX1MMIN1 和 MX1MMIN2）是在 1 小时内每分钟发生的 MX1MGT1，MX1MGT2，DMX1MGT1，DMX1MGT2。

3.3.3　温度

温度是国家资料浮标中心的基本测量数据之一。使用电子热敏电阻进行所有温度测量，以摄氏度（℃）作为单位更新所有温度测量数据。温度测量都经过范围限制和时间连续性检查，温度对于获得海平面压力（BARO1）和标准高度的风速很重要（WSPD11，WSPD21，WSPD21，WSPD22）。

3.3.4 气温

通常情况下，气温测量（ATMP1，ATMP2）非常可靠；然而，重要的是注意温度传感器的物理位置可能会对测量有不利影响。在小风情况下，百叶箱中气温可能导致非代表性读数。在采样期间，以 1 Hz 的速率对气温进行采样。

3.3.5 水温

通常情况下，水温测量很少出现问题（WTMP1，WTMP2），应注意水温传感器的深度随浮标体或沿海海洋自动化网站点的变化，浮标上的温度探测器紧贴浮标体内部。由于浮标的导热性高，所以测量的温度可能会反映泡在浮体周围水域的平均温度，而不是最接近探头的水温。可以用沿海海洋自动化网站点温度传感器做点测量，但传感器相对底部处于固定距离，因此，由于全天水位的变化，造成热敏电阻处于不同的深度。在高度分层的水中，特别是在静风的下午，从台站报告的水温可能比皮温低 2~3℃。因此在水温测量中，将执行极限和时间连续性检查。

3.3.6 海浪评估

海洋状态评估对国家资料浮标中心而言，可能是最复杂的测量，但对海洋预报员、水手、海洋工程师和科学家则是非常重要的。在一个浮标中，所有的基本波浪测量都以浮标（国家资料浮标中心在沿海海洋自动化网站位中不再使用激光波高传感器测量波浪）时间序列的能谱方式估计推导出来（见国家资料浮标中心技术文件 03-01 有关国家资料浮标中心波形测量的详细信息）。

海洋状态描述了在给定时间和地点的海面波的性质。这可以根据波谱获得，或者更简单地说是有效波高和波浪周期的一些量度（AMS，2000）。国家资料浮标中心锚碇气象浮标站提供了频谱方差密度数据（IAHR，海状态参数列表），在其他文献中被称为波浪谱密度。国家资料浮标中心从波浪能谱中导出所有无方向波浪参数，波高和波周期、波陡、等等。而且，国家资料浮标中心很多浮标测量波浪方向谱，并从国家资料浮标中心得出平均值和主波向，以及由国家资料浮标中心通过世界气象组织 FM-65 波分析仪 VEOB 传播的傅里叶系数字母数字代码（世界气象组织，1995），得到第一和第二归一化极坐标。

国家资料浮标中心的大部分波浪质量控制测试适用于国家资料浮标中心所有

系统。在一些情况下，使用不同的参数标识符，但执行相同的成套测试。这时应注意系统特定的测试或属性。

3.3.7 非定向海浪评估

国家资料浮标中心使用加速度计来测量浮标升沉运动。加速度计，被固定在浮标体中轴线或与甲板垂线平行，用于绝大多数海浪的测量。垂直稳定，在使用时，通过 Hippy 40 传感器实现绝大多数海浪测量。这种昂贵的传感器内置机械系统，使加速度计垂直于浮标和传感器。

国家资料浮标中心运行非定向波测量系统，并公布加速度或位移谱的评估。如果没有直接公布，则位移谱通过加速度谱计算中一部分数据提取出来，并作为岸上波浪数据处理计算的一部分。这些频谱中，平均波周期（AVGPD）、主波周期（DOMPD）、有效波高（WVHGT）和波陡度均是计算出来的。这些非定向波参数定义如下：

- 平均波周期（以秒为单位），对应波的频率，将波的频谱分成相等的区间。

- 主波周期或峰波周期（以秒为单位），是对应于对应的最大无方向性的谱密度的频带中心频率的波周期。

- 有效波高（H_{m0}），H_{m0} 是从位移谱中的波位移记录方差来估计获得，估计的根据方程等式如下：

$$H_{m0} = 4 \left[\int_{f_l}^{f_u} S(f)\, df \right]^{\frac{1}{2}}$$

这里：

    $S(f)$ 是位移的谱密度；

    df 是频带的宽度；

    f_u 是频率上限；

    f_l 是频率下限；

在 WVHGT 上执行范围、时间连续性和关系检查。进一步检查根据加速度或位移时间序列的统计数据；统计数据必须遵守统计数据之间的根本关系：

- 平均值必须在最大值和最小值之间；

- 最小值必须小于最大值；

- 最大值必须大于最小值；

- 标准偏差不应大于最小和最大之间差值；

● 在整个数据采集期间，QMEAN 或 QMEANRAW 应趋于零。

QMEAN 零点的明显偏差可能表示传感器故障（特别是 Hippy 40 的情况），或者浮标已经失去了平衡（在加速度计固定的情况下）。由于这些原因，对 QMEAN 范围必须进行检查。在某些情况，由于数据严重偏离，这些关系被破坏。

表 2　波浪测量统计值描述

统计参数	识别码	说明	注释	系统特定特性
均值	QMEANRAW	在浮标上位移或加速时间的平均值系列测量		
均值	QMEAN	由分析师通过对 QMEANRAW 系统特性调整得出		
最小值	QMIN	由分析师通过对 QMEANRAW 系统特性调整得出		
最小值	QMINRAW	在浮标上位移或加速时间的最小值系列测量		
最大值	QMAX	由分析师通过对 QMEANRAW 系统特性调整得出		
最大值	QMAXRAW	在浮标上位移或加速时间的最大值系列测量		
标准差	QSTD	在浮标上测量的位移或加速时间系列标准偏差	没有 QSTDRAW	
离群数	QSPIKE	发现并从时间序列中删除异常值的数量	算法是用于海上的浮标的。该算法通过时间序列传递 3 次，并移除大于或小于 3 个标准偏差的平均值。每次通过后，验证剔除异常值后的平均值和标准偏差	只适用于系统与非定向波形处理模块（ND-WPM）

3.4　海浪方向评估

定向波测量系统除了需要测量垂直加速度或起伏（位移）外，还需要浮标方位、纵摇和横摇。据此计算东西向和南北向的斜率。国家资料浮标中心为了测量这些角度参数，使用几种不同的方法和传感器组合。

根据方向波分析仪的报告，以下浮标运动统计值是通过使用自动和手动的质量控制获取的：

● AORIG 是浮标方位角，单位为度（°），是数据采集周期开始时的角度，浮标方位被定义为从真北向开始的顺时针方向。

● SDAMIN 是 AORIG 逆时针方向的最大角度偏移，单位为度（°），在浮标数据采集期间获取。

● SDAMAX 是 AORIG 顺时针方向的最大角度偏移，单位为度（°），在浮标数据采集期间获取。

● DELTAMIN 是逆时针方向变化连续两个样本之间的最大速率，单位度/秒 [（°）/s]，在浮标数据采集期间获取。

● DELTAMAX 是顺时针方向变化连续两个样本之间的最大速率，单位度/秒 [（°）/s]，在浮标数据采集期间获取。

● ANGPMEAN 是所有纵摇角的平均值，抬首为正，单位为度（°），在浮标数据采集期间获取。

● ANGPMAX 和 ANGPMIN 是单个最大和最小纵摇角，抬首为正，单位度（°），分别在各自浮标数据采集期间获取。

● ANGRMEAN 是所有横摇角的平均值，左弦向上为正，单位为度（°），在浮标数据采集期间获取。

● ANGRMAX 和 ANGRMIN 是单个最大和最小横摇角，左弦向上为正，单位为度（°），分别在各自浮标数据采集期间获取。

● TILTMAX 是浮标桅杆垂直方向的单一最大偏转，即艏摇，单位为度（°），在浮标数据采集期间获取。该值必须大于或等于以下所有 4 个测量值：

—— ANGPMAX

—— ANGPMIN

—— ANGRMAX

—— ANGRMIN

● TOTMAG 是 B1 的向量和的平均幅度，这是测量地磁的水平和垂直分量，由磁力计沿着浮标的艏部和右舷轴线进行。

上述涉及波形处理模块（WPM）、数字定向波模块（DDWM）和定向波处理模块（DWPM），加上一些额外的内务工作，包括东西向和南北向浮标斜率的统

计（ZXMEAN－MAX－MIN 和 ZYMEAN－MAX－MIN）。波形处理模块没有涉及
TOTMAG 的 ID 磁力计统计。一个可比的数量，B1 MEAN 作为附加参数——水平
磁力计的平均值公布为 B1 MEAN。

对定向波环境和内务管理进行范围检查测量，检查它们是否在正常范围内。

3.4.1 用于海啸检测的水柱高度

国家资料浮标中心海啸深海探测仪使用了深海海啸评估及预警系统第二代技
术监测水位（实际上是水柱高度），基于在海底进行的压力和水温测量，并通过
将压力乘以常数 670 mm/psi 绝对值而转换成水柱高度。

与其他系统一样，国家资料浮标中心对于解码和导出的参数分配 ascii 标识
符，因此，作为任何标识，它们也受许多相同的科目质量控制检查。有超过 120
个 ascii 标识符来处理海啸深海探测仪数据（附录 F），因为当海啸事件模式时，
海啸深海探测仪要连续用 2 个小时将 1 分钟一个水柱高度的信息传回来。但是，
自动质量控制（范围检查）仅适用于标准和事件模式的水柱高度（TSHT1，
TSHT2，TSHT3 和 TSHT4）。

3.5 非标准测量

3.5.1 相对湿度

国家资料浮标中心使用的湿度传感器采用的电路暴露于水蒸气变化的情况
下，通过薄聚合物的电容变化测量温度。气体渗透膜保护电子部件免受喷雾和颗
粒物质的影响，但允许空气进入仪器外壳。传感器对温度敏感，并且包括一个温
度探头，以便在相对湿度的计算中提供温度修正。传感器在采样期间以 1Hz 的速
率进行采样。为了测量湿度，国家资料浮标中心有 5 个湿度测量标识符与自动报
告环境系统和高级模块化装备系统相关：原始相对湿度（RRH），相对湿度
（RH1），以百分比（%）为单位；原始露点（DEWPTRAW）和露点（DEWPT1
和 DEWPT2），单位为°C。湿度传感器提供 RRH 和 ATMP2。

DEWPTRAW 是使用 RRH 和 ATMP2 装备上导出的。该装备传输 DEWPTRAW、
RRH 和 ATMP2 的值。在国家气象局远程通信网关使用 ATMP1 和 RRH 计算
DEWPT1，使用 DEWPT1 和 ATMP1 计算 RH1。除非在饱和条件下，DEWPT2 通

常与 DEWPTRAW 相同。如果主气温传感器（ATMP1）失效，露点随 ATMP2 一起发布。在饱和条件下，DEWPT1 和 DEWPT2 被设置为不超过气温。

在自动报告环境系统和高级模块化装备系统之前的装备直接计算和传输 DEWPT1。ATMP2 和 DEWPT2 不可用，RRH 和 ATMP1 数值不传输。相对湿度与露点转换见附录 B。在 DEWPT1 和 RH1 上进行范围限制检查，在 RH1 上进行标准时间连续性检查。

3.5.2　海洋传感器

为了了解和预测海洋，必须监测其属性。国家资料浮标中心通过收集表面海流、海洋剖面海流、皮表水温和水质参数来监测海洋。水质的参数包括浊度、氧化还原电位（Eh）、pH 值、叶绿素 a 和溶解氧。这些数据是通过气象浮标和热带大气海洋浮标计划收集的。气象浮标数据是实时进行质量控制的，并通过全球电信系统（GTS）分发。热带大气海洋浮标数据通过 Argos 服务系统每天多次传送。热带大气海洋浮标数据在通过全球电信系统传播之前是不进行质量控制的，每日质量控制在数据汇总中心处理，"不良"数据可能在第二天被禁止传播。

在文件的这一部分，将分配全球质量控制标准。随着更多海洋数据被采集，区域性浮标的具体质量控制标准才成为可能。在美国于 2003 年冬季，实时海洋学数据质量保证（QARTOD）工作组的质量保证开始于一小部分数据管理员和数据提供商。

实时海洋学数据质量保证（QARTOD）工作组是一个持续的多代理机构，其努力形成以解决综合海洋观测系统（IOOS）的质量保证和质量控制问题的社会团体。

在 2003 年冬天的密西西比河，第一次研讨会在国家海洋大气管理局国家资料浮标中心斯坦尼斯空间中心（SSC）办公室举行，80 多人参加了主题研讨，包括开发校准使用最低标准、质量保证（QA）、质量控制（QC）方法和元数据。研讨会形成了一份报告，总结了对这些问题的建议并探讨了未来研讨会内容。实时海洋学数据质量保证第二次研讨会（QARTOD II）于 2005 年月 28 日至 3 月 2 日在弗吉尼亚州诺福克举行，主题关于 HF 雷达测量、波浪、海流测量独特校准问题和元数据需求的质量保证/质量控制。实时海洋学数据质量保证第三次研讨会（QARTOD III）于 2005 年 11 月 2 日至 4 日在加利福尼亚州拉霍亚市斯克里普斯海洋学研究所举行，继续进行波浪和海流测量的议题以及开始 CTD 测量和 HF 雷达的工作。实时海洋学数据质量保证第四次研讨会（QARTOD IV）于 2006 年

6月21日至23日在伍兹霍尔海洋研究所举行。相关材料发布在实时海洋学数据质量保证（QARTOD）网站上（http：//QCrtod. ORG.）。

实时海洋学数据质量保证机构设法了解和解决实时海洋学数据的收集、分发和描述所面临的挑战。海洋科学界面临的主要挑战之一是快速、准确地评估来自伙伴综合海洋观测系统（IOOS）数据流的质量。运行数据汇总和来自分布式数据源组合对物理、化学和沿海海洋生物状态的充分描述与预测的能力是至关重要的。这些活动要求作为综合海洋观测系统一部分的每个观察结果进行值得信赖和一致性的质量描述。在以前的研讨会上，已经在定义数据质量的评估和为了实时质量控制的相关数据标记要求方面取得重大进展。

3.5.2.1 气象浮标的海流

采集表层海流用于商业贸易、操作安全、搜索和救援、漏油应急处理以及海港运输。表面海流数据也可用于与高频雷达获得的表层流数据进行比测。

国家资料浮标中心使用浮标筒安装的声学多普勒海流计采集这些数据。目前表层海流正在使用 Son Tek 公司淘金者-MD（Argonaut-MD）锚系式声学多普勒流速仪或 Aanderaa 公司多普勒海流计采集。

通过对传感器测量监测和输出海流的数据分析，进行表层流的质量控制。目前正在使用的是两种不同的海流测量系统，主要是各自质量控制检查不同。两者都包括测量发射波束的强度、接收波束流强度、有效回波脉冲的数量或者百分比、传感器运动参数（倾斜、横摇、纵摇等）。

3.5.2.2 安德拉（Aanderaa）海流计

Aanderaa 多普勒海流传感器（DCS）4100 是测量海流流速和方向的真矢量平均传感器。

除了上面提供的标识符外还有以下标识符：

- SCMSPD 和 SCMDIR1 是传感器测量的海流速度和方向；
- SCMPINGS 是传感器在采样期间有效回波脉冲的数量；
- SCMTILTX 是在采样期间 X 方向上的平均倾斜度数；
- SCMTILTY 是在采样期间 Y 方向上的平均倾斜度数。

3.5.2.3 Son Tek Argonaut MD

Son Tek 公司淘金者-MD（Argonaut-MD）锚系式声学多普勒流速仪是三轴矢

量平均声学多普勒海流计，能够在海洋中以"单点"形式测量水体运动。在国家资料浮标中心，Son Tek 传感器穿过浮标体安装，或者被安装在浮标系留上，固定在仪器架上向下打。每小时采集数据一次。

- SCMNOIS1，SCMNOIS2 和 SCMNOIS3 用于描述发射声波噪声水平，单位为分贝（db），各自对应 3 个 Son Tek 波速；
- SCMDB1，SCMDB2 和 SCMDB3 是返回的能量值，以计数为单位，各自对应 3 个 Son Tek 波速；
- SCMSD1，SCMSD2 和 SCMSD3 是标准偏差，对应海流东分量、北分量、向下分量，单位为 cm/s；
- SCMROLSD 是传感器采集的横摇值标准偏差；
- SCMPITSD 是传感器采集的纵摇值标准偏差；
- SCMCMPSD 是传感器采集的罗盘标准偏差；
- SCMPINGP 是采样期间，传感器有效回波脉冲的百分比；
- SCMBATT 是电池电压的监测值。

3.5.2.4　剖面海流

剖面海流提供了海洋在水柱中的运动情况。这个信息对评估原油反应、搜索和救援以及海洋平台应力分析以及海洋模型的输入和验证是至关重要的平台。在国家资料浮标中心，目前这些数据向下打获得，即被安装在浮标仪器井或通过仪器架串联的浮标锚系获得。在海上石油平台上，剖面海流计向下打获得若干层的水柱，或者用海床基系统在海底向上打。

国家资料浮标中心目前使用 Teledyne RDI 声学多普勒海流计（ADCP）作为采集剖面海流数据的主要传感器。声学多普勒海流计发送短时、沿着窄波束声波能量的高频脉冲。散射体（假定为被动的游泳生物和浮游生物）在水柱内返回反向散射能量，声学多普勒海流计将沿波束多普勒频率转换为正交地球坐标，以获得水柱中各水层的海流。Teledyne RDI 声学多普勒海流计使用 4 个探头，允许冗余并提供了对流动的均匀性更好的测量。TRDI 已经建立了一套质量保证测试体系，以确保从传感器返回的数据质量的良好率。

以下数据由 TRDI 声学多普勒海流计提供。这些数据可用于评估仪器数据的质量。对于流速矢量的三个分量和误差速度，前两个字符表示测量类型，最后三个字符表示深度单元序号：

- UV001-UV023 是各自波束和深度单元的海流东西分量。东为正，西为负，单位为 cm/s。

- VV001-VV023 是各自波束和深度单元的海流南北分量，正数表示海流北分量，负值表示海流南分量，单位为 cm/s。

- WV001-WV023 是各自波束和深度单元的海流垂直分量，单位为 cm/s，向上为正，向下为负，垂直分量由成对水平速度产生的，虽然已经发现，这些值不能当做真正的垂直流速使用（Winant, et al., 1994），但它们表明水平流速是可靠的。

- EV001-EV023 是各自深度单元内部计算的误差速度。该误差速度是流量均匀性的量度。误差速度值太大表明水平流速是不可靠的。

- PGT01-PGT23 和 PGF01-PGF23 分别是三个波束有效回波脉冲和四个波束有效回波脉冲的百分比解决方案，并提供给质量控制算法。该三个波束有效回波脉冲和四个波束有效回波脉冲的百分比值使用前三个字符表示参数，最后两个字符表示深度单元序号。三个波束有效回波脉冲百分比解决方案表明一个波束由于在该深度单元中回波脉冲（ping）数不足造成不能通过各种错误阈值而不能用。四个波束有效回波脉冲的百分比表示四个波束测量解决方案。

- EA101-EA123，EA201-EA223，EA301-EA323 和 EA401-EA423 是各自波束和深度单元回波振幅，前两个字符表示这是回波幅度测量，第三个字符表示波束，最后两个字符表示深度单元序号。

- 幅度表示测量从探头返回信号强度。高回波强度表示固体目标（底部，表面，结构物等），而低回波幅度可以提醒在水柱中散射体不足。

- CMAG101-CMAG123，CMAG201-CMAG223，CMAG301-CMAG323 和 CMAG401-CMAG423 表示相关程度，这是一个衡量水体中的颗粒分布，改变各自波束和深度单元之间的脉冲测量值，很高的相关性表明流速测量更加精确。前四个字符表示此参数与相关程度相关，第五个字符表示波束号，最后两个字符表示被描述的深度单元。

3.5.2.5 气象浮标盐度

盐度是测量海洋中水团的存在和运动所必需的。盐度是一种衍生产品，一些仪器直接提供盐度（通过内部计算）；还有一些提供电导率、温度和深度，用于计算出盐度。最近一部分沿海海洋自动化网观测站和多个沿岸浮标站已经可以测量盐度。几种不同的仪器设备已被用来测量盐度。国家资料浮标中心盐度测量是基于海水盐度与电导率经验计算关系的实用盐度标度。所公布的盐度单位是实际盐度单位（psu）。

用于盐度（ZSAL1）计算的电导率（ZCOND1）和温度（ZTMP1）通过海鸟39-SM 或者 FSI 公司装置采集。盐度（ZSSAL）也由海洋传感器模块（OSM）提供，它是 Sea Keepers 1000 设备的衍生物。盐度由 OSM 装置直接提供。

3.5.2.6　热带大气海洋浮标海洋参数

太平洋海洋环境实验室（PMEL）在热带大气海洋浮标阵列使用了传统的传感器，可提供以下数据。

- 自主温度采集系统的电导率传感器——每 10 分钟提供 1 次 1 米深度的电导率数据。此电导率数据与温度数据相结合，可以提供表面盐度值。多个深度的附加传感器由赤道系泊提供。

- 自主温度采集系统的温度传感器——每 10 分钟提供 1 次 11 个深度（1 米到 500 米）的海洋温度数据（10 个传感器通过 1 个电感和 1 个串行调制解调器电缆连接起来）。

- 自主温度采集系统的固定深度海流计——在 4 个赤道系泊处提供 4 或 5 个深度海流速度和方向。每日数据传输到表面浮标。

- 自主温度采集系统的压力传感器——提供 300 米和 500 米深海洋压力数据。传感器能表明大电流和通过传感器上浮到海表面引起的故意破坏。

热带大气海洋浮标传统装备按日平均海洋参数，并通过 Argos 卫星系统传输每个参数和深度。

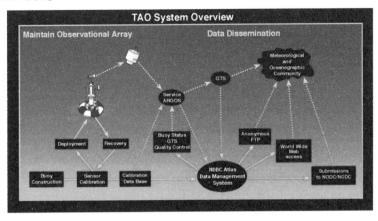

图 5　使用 Argos/CLS 的热带大气海洋浮标数据流

3.5.3 降水

虹吸雨量计（SRG）已安装在一些锚碇浮标上。对虹吸雨量计数据没有执行自动质量控制检查。为了传感器正确操作须对数据进行手动检查。

有 6 个测量标识符与虹吸雨量计有关。测量标识符如下面所述：

- RAINT1ORT 是 10 分钟降水率计算出来的；
- RAIN1MIN 是未修正的 1 分钟降水率；
- RAINDYPC 是日降水量百分比；
- RAINDYRT 是日降水量率；
- RAINDYSD 是日降水量标准偏差；
- RAINHRAC 是小时的降水积累。

3.5.4 太阳辐射测量

太阳辐射是影响海—气界面物理、生物和化学过程的重要因素，因此引起科学家和工程师的兴趣。表面太阳辐射测量已经用来校准卫星上的辐射计可见光范围。传感器放置在尽可能高位置的平台上以避免阴影影响。国家资料浮标中心已经通过提供安装水面以上（SRAD1）或以下（ZRAD1，ZRAD2 和 ZRAD3）传感器测量辐射以支持一些赞助商。测量标识符，例如 ZRAD，然而根据应用程序，测量单位是多种多样的。测量太阳辐射通量单位是瓦/平方米（w/m^2），测量光合有效辐射（PAR）单位是微摩尔/（平方米·秒）（μmol/m^2·s）。这些测量的自动质量控制通常仅限于上限检查。

3.5.5 能见度

在沿海海洋自动化网的一些站点已经安装了能见度传感器，能见度是海上安全航行的关注热点。传感器测量光在发射器和采集器之间一小部分在空气中衰减光。需要重点注意，这些是在一个点上的测量并外推的，并且有几个相似但是不同的定义。附录 C 解释了使用的各种术语。国家资料浮标中心能见度的测量标识符是：VISIB3 和 VISIB4。VISIB4 是从贝尔福（Belfort）能见度传感器读取原始的能见度数据。测量单位是海里（n mile）和千米（km）（1 km=0.541 n mile）。VISIB3 是发布的能见度。需要重点注意，对于 VISIB3，所有范围值大于或等于 6.95 n mile 发布为 6.95 n mile。

26

国家资料浮标中心存档能见度数据单位是海里（n mile）。如果能见度与测得的湿度比较，被确定为太高或太低，则进行自动质量控制检查，并标记能见度和湿度测量数据。

3.5.6　水位测量

国家资料浮标中心能够提供几个沿海海洋自动化网站点的水位测量结果。国家资料浮标中心提供这些测量使国家气象局预报员能够监测风暴潮，而这些测量不适用于导航或海岸线边界的目的。

在这几个沿海海洋自动化网站点使用声学脉冲验潮仪进行测量。每小时提供1 份 31 个测量标识符的报告：10 个 2 分钟潮汐平均值（TGAUG01 至TGAUG10）；在每个 2 分钟（TGCNT01 至 TGCNT10）期间，10 个采样失败的样品数；每 10 个平均值的标准偏差（TGSTD01 到 TGSTD10），以及小时潮差测量（TIDE1）。每 6 分钟进行一次 2 分钟的预测。测量和标准偏差以英尺[①]为单位给出。TGAUG01，TGCNT01 和 TGSTD01 对应于每小时的第一个 2 分钟期间进行的测量。该小时测量中，TIDE1 与 TGAUG01 相同。因为负值水位值不能通过公告栏发布，因此每个 TGAUGXX 和 TIDE1 值上都加 10。额外加 10 的测量数据存储在国家资料浮标中心数据库和历史文件中。没有加 10 的测量值没有实时显示在国家资料浮标中心网站上。国家资料浮标中心不计算平均低潮位。相反，该站历史上每一天的最低水位被定期地平均和更新，然后将平均值设置为 0。如果调整需要，它们将通过数据库或直接应用于软件装备。在 TIDE1 和 TGAUG01-10 上进行自动范围和时间连续性检查。

---

① 　1 英尺 = 0.304 8 米。

4 质量控制算法和警告标记

本章介绍在国家资料浮标中心用于分配质量控制标记的测量算法。用于标记的测量基本机制是将测量值与临界值做比较，当超出时，分配一个标记。根据测量算法不同，临界值获取的值也不同。一些临界值是固定的，一些随着季节或者位置变化。还描述了各种标记以及它们如何释义。

4.1 质量控制算法

多年来，算法的数量和复杂度一直在稳步增长。第一个被开发的，也是最简单的和最广泛使用的算法是范围检查，简单地比较测量值与存储国家资料浮标中心数据库的预先设定的范围。其他简单的检查是时间连续性和一致性检查。绝大多数自动检查是在国家气象局远程通信网关处理过程中实时执行的。也有一些是在国家资料浮标中心测量后即将进入数据库的时候执行的。附录 D 提供了额外的选择算法示例和细节，以扩大随后的讨论。

在自动质量控制过程中，有两种类型的标记可以被分配给测量的结果。

硬标记，或者叫环境质量控制标记，将被分配给实际中毫无疑问被确定为降级的测量值。硬标记将保留受影响的参数，并防止它被发布或存档，除非手动删除硬标记。软标记被分配给测量值以表示可能存在一些关于其有效性的问题。软标记的测量值将进行存档，除非由合格的数据分析人员手动删除。大写字母是用于表示硬标记，小写字母用于表示软标记。

一些测量取决于其他测量。例如，露点通过气温和相对湿度计算得到的。如果任一个测量值失效，那么露点将不正确。为了防止任何错误传递到派生的测量中，一个质量控制流程决定了派生的数据是否有硬标记数据。如果是这样的话，后者被标记为与 R 相关，表示它们是基于标记的数据。

一些测量与其他测量密切相关，如果是这样，如果一个测量值不好，另一个也可能是坏的。例如，风速和阵风，波谱和波高。如果一个测量值按照这种方式与另外测量值相关，那么这个测量值也被硬标记，则将被 R 标记，不会被发布。

在质量控制流程中，有些关系是被硬性编码的，而其他测量值通过数据分析师用数据库接口到国家资料浮标中心企业管理信息系统后在数据库被分配和维护。

4.1.1 范围检查

自动化质量控制检查中最简单的是范围限制检查。它包括将测量值与预先确定的上限和下限进行比较。如果测量值大于硬上限或小于硬下限，即测量值将被 L 标记，不会实时发布或存档。也有些是灵活的范围检查，根据地理区域和季节而变化。它们以同样的方式工作，但不会阻止测量值的发布或归档。一个 a 标记表示测量值高出软范围，b 标记表示测量值低于极限。

虽然范围限制检查是与站相关的，但站往往将气候相似的地区归为一类。其中一个地区的所有观测站将具有相同的硬环境质量控制和季节性软限制。NMCA 地区固定在国家资料浮标中心企业管理信息系统中，并通过使用国家资料浮标中心企业管理信息系统接口维护。

硬限值设定为来自美国海军世界海洋气候图集（1.0 版，1992 年 3 月）的平均气候学值三个标准偏差。在某个区域，一旦从国家资料浮标中心的观测站获得新的最高和最低值记录时，也对该地区内临界值进行调整。可以使用数据库接口查看每个地区的环境质量控制和软性季节临界值。对于那些在美国海军世界海洋气候图集中找不到参数，可使用表 3 中的默认硬限制。

表 3　默认上限值和下限值

参数	下限值	上限值
主波周期（s）	1.95	26
平均波周期（s）	0	26
太阳辐射（w/m²）	0W	1500
露点（℃）	−30	40
降水（mm/h）	0	400
ADCP 流速（cm/s）	−200	200
盐度	10	70
光合有效辐射 PAR（μmol/m²s）	0	2500
相对湿度（%）	25	102
水柱高度（海啸测量）	平均数计算−5m	平均数计算+5m

对于特定地区和月份，软性季节临界值通常设定为平均气候学值的两个标

准差。

海啸水柱高度的范围检查设置为平均值±5 米高度。分析师定期重新计算平均高度。软性季节性限制不适用于海啸范围检查。

4.1.2 时间连续性

时间连续性检查踪迹特定变量随时间的变化。国家资料浮标中心有用经验得出的限制，被用于检查压力、温度、风速、波周期、波高和相对湿度变化时间率。与范围一样检查，都有硬性和软性季节性连续性检查。硬标记是用 V 表示，软性标记用 f 表示。

国家资料浮标中心使用两种不同的时间连续性算法。虽然它们基本原则是相同的，即将数量上的时间变化率与给定临界值进行比较，但用于检查派生的限制是不同的。在绝大多数国家资料浮标中心测量中使用标准硬连续性检查，而一些特殊的测量需要检查，将使用独特的统计学公式来处理这类型测量值。

4.1.2.1 标准时间连续性检查

国家资料浮标中心研发的标准时间连续性检查基于以下几点的表达式：

$$\sigma_T = \sigma\sqrt{2(1 - R(T))}$$

这里：σ_T 是在一个特定的时间和相应的测量 T 小时后，$x(t + T)$，标准偏差的均值差异。$x(t + T)\sigma$ 是全部的测量的标准偏差的估计值，而 $R(T)$ 是一个时间 T 滞后全部测量的自相关函数。

收集了许多来自从阿拉斯加海湾到墨西哥湾的观测站的统计数据。确定了对于小于 12 小时的 T 值，R（T）和 T 之间存在近似的线性关系。因此，σ 被重新定义如下：

$$\sigma_T = c\sigma\sqrt{T}$$

这是一个随时间变化的实用表达式，它的变化依据气象学或海洋学分布综合改变。1 到 24 小时的大气压平均变化被确定为若干个观测站值，并发现 c 等于 0.58，为自然允许的气压随时间变化提供了适当的限度。并产生下列表达式：

$$\sigma_T = 0.58\sqrt{T}$$

该方程用于检查：

- 压力（BARO1，BARO2）；
- 温度（ATMP1，ATMP2）；

- 风速（WSPD1，WSPD2）；
- 波周期（AVGPD）；
- 波高（WVHGT）；
- 相对湿度（RH1）。

时间连续性检查是比较最后可接受的测量值与当前测量值的差异，Δx 与 σ_T。如果 Δx 大于 σ_T，说明测量值失效，被标记并被删除。如果 T 大于 3 小时，那么使用 3 小时。为了检查相对湿度，在其算法中添加了特殊逻辑。这是为了防止在锋面过境期间相对湿度发生巨大变化的时候发生错误标记。

实际上，没有必要使用测量变量的标准偏差的观测站特定值。

表 4 列出了使用的一般值，与一般的范围限制一样，对于一些观测站，有必要脱离一般估计值 σ_T。例如，由于靠近墨西哥暖流的观测站的海面温度流可以突然改变，根据实际测量，东海岸的水温 σ_T 已经升高到 12.1℃。

表 4　时间连续性参数的一般值

变量	σ
海平面气压（hPa）	21.0
气温（℃）	11.0
水温（℃）	8.6
风速（m/s）	25.0
波高（m）	6.0
平均波周期（s）	31.0
相对湿度（%）	20.0

在热带气旋的剧烈温带气旋过境时，由于境内外风、压力、气温和波高发生非常快速的变化，时间连续性测试出现例外。首先，首次连续性检查失败的气压测量被重新接受并发布，如果当前（$BARO_{current}$）和之前（$BARO_{previous}$）的 $BARO$ 小于 1 000 hPa。第二，首次连续性检查失败的风速测量值被重新接受并发布，如果当前（$BARO_{current}$）和之前（$BARO_{previous}$）的 $BARO$ 小于 995 hPa。第三，首次连续性检查失败的 ATMP1 测量值被重新接受并发布，如果或者当前风速（$WSPD_{current}$）大于 7 m/s，或者风向变化［当前风向（$WDIR_{current}$）和之前风向（$WDIR_{previous}$）比较］大于 40°。最后，首次连续性检查失败的 WVHGT 测量值被重新接受并发布，如果当前的风速大于或等于 15 m/s。

软性季节时间连续性检查也适用于国家资料浮标中心测量标准。像范围检查一样，它们分地理区域进行应用。在数据库接口使用处考虑各个软性季节时间–连续性限制。

4.1.2.2　特殊测量的时间连续性算法

一些测量需要时间连续性算法，这是比标准时间连续性算法更简单的算法。令 $\Delta x/\Delta t$ 为变量的时间变化率，让 T 为连续测量之间的时间，并且令 $k(T)$ 为一个经验函数（或常数），将其定义给定的最大允许变化 T。如果下面的表达式为真，任何测量值 $x(t + T)$ 将通过时间连续性检查：

$$\left| \frac{x(t + T) - x(T)}{T} \right| \leq k(T)\, T$$

函数 $k(T)$ 对应用该算法的每个测量值进行经验确定。

该算法用于检查波高的时间连续性和声学多普勒海流计（ADCP）海流测量。适用于此检查的算法的声学多普勒海流计海流测量和标准时间连续性检查见附录 D。

4.1.3　风暴限制

硬性范围和时间连续性限制可以在异常天气之前取消，例如飓风和严重的冬季风暴。数据质量分析师可以通过企业管理信息系统到数据库的接口停止在国家气象局远程通信网关站点进行的检查。在异常情况过去之后，数据质量分析师重新启用正常范围的限制和时间的连续性的限制。

4.1.4　层次反转和重复传感器检查[①]

重复传感器（WDIR，WSPD，BARO 和相关测量）的传感器层级由国家气象局远程通信网关发布的传感器的数据确定。通常，层次结构由数据分析人员手动设置，除非是主传感器失效，或者在性能上明显退化。传感器的毁坏经常是突发的，可能是由严重的风暴引起的，数据分析师很难在短时间内发现。为了克服这个问题，层次结构是在一定条件下自动逆转。这是一种强大的算法，可以防止与第二传感器相关的主传感器突然退化造成数据发布。此算法能把超过区域和季节的、通过特别方法与第二传感器有明显差异的主传感器数据辨认为退化的数据。这种情况发生时，主传感器被硬标记 H 并且层次结构反转，因此由先前被识别

---

① 国家资料浮标中心不使用该算法，但仍然在手册作为参考。

为次级的传感器发送测量值。只有当次级传感器的数据还没有被硬标记时，传感器层次结构才被反转。层次结构一直保持反转状态，直到手动复位或另一个自动反转发生。层次反转算法的细节可以在附录 D 找到。

在一些站点其可能为被严禁使用，原因是两个风速计正常差异巨大，例如，鸟栖息效应或尾流湍流可能导致这些差异。

现已经开发了其他一些工具，将那些突然分歧的或者追踪不在一起的备份传感器测量数据标为软性标识。

当重复的传感器测量值差异与已设立的区域和季节的范围相差太多，某一个检查可以辨认出来。当这种情况发生时，这两个测量值将被标记 k。

当重复的传感器时间连续性差异超出已设立的区域和季节的范围很多，另一个检查可以辨认出来。这两个测量值将被标记为 t，并且两个传感器中的一个将被怀疑，如果

$$\mid x_1(t_1) - x_1(t_0) \mid - \mid x_2(t_1) - x_2(t_0) \mid > T, \ t_1 > t_0$$

这里 $x_1(t)$，$x_2(t)$ 是来自重复传感器的测量值，T 是一个从过去的经验确定的临界值。

目前，只比较每小时的变化（$t_1 - t = 1h$）。如果上述方程左侧的 4 个测量值中的任何一个缺失，则这个算法不能使用。应用于检查的季节性和区域性的范围可以通过选择 NMCA 区域表格来查看，这些表格放置在国家资料浮标中心企业管理信息系统（NEMIS）数据库接口的"站配置"菜单中的"设置表"工具中。

4.1.5　内部一致性

内部一致性检查基于测量之间的物理关系。内部一致性检查有硬性和软性。硬性内部一致性检查的例子是：

- GUST1（2）被硬性标记 L，如果小于 WSPD1（2），则不会发布。
- 平均值，如果平均值不在最小值和最大值之间，最大值和最小值（QMEAN、QMAX 和 QMIN）都硬性标记 S，这会防止所有与波相关测量值的发布。
- 如果 BATT1 低于 10.5 伏特，BARO1 和 BARO2 测量值被标记 R。
- 低电压会引起气压计（BARO1 和 BARO2）提供不正确的观测值。

软性内部一致性检查的例子如下：

- 如阵风（GUST）与风速（WSPD）的比值大于最大值，这是风速的函数，阵风被标记 g。此检查也适用于小时最大阵风（MXGT）和小时平均值风速

（AVGSPD）。详见附录 D。

- 比较每小时风速（WSPD）和连续风速（CWS），其时间间隔包括风速的平均周期。如果绝对差异大于 2.0 m/s（对于浮标）或 3.0 m/s（对于沿海海洋自动化网站点），连续风被标记 i。

- 风向（WDIR）和平均浮标"艏向"方位角（FWDIR）被标记 x，如果它们差超过 35 度，风速大于 7 米/秒。这个检查仅适用于具有保持艏向迎风和装有鳍板的 3 米圆盘形浮标。

- 如果能见度相对于观测的露点降低太高或太低，RH1、DEWPT1 和 VISIB3 用 v 标记。

根据实际考虑，删除或调整某些数据：

- 如果阵风速度小于 0.5 米/秒，则 GUST1 标记为 M 标记，表示缺测。

- 如果 DEWPT1 不小于或等于 ATMP1，则设置为等于 ATMP1 和标记为 c。

4.1.6 波浪验证检查

现已经开发了使用极限或内部一致性验证的波形检查定向和非定向波测量的精度。其中一些检查在实时处理中得到应用，而其他一些在波数据驻留在数据库中后，在 NDBC 中运行。

4.1.6.1 风浪算法

有两种比较风和波能量的质量控制方法。Lang 算法（1987）适用于逐个小时检查并分配软性标记。Palao-Gilhousen 算法（1993）是评判了一个月的数据来寻找更多的难以发现的传感器损坏，但不分配标记到数据，这更像是一种视觉质量控制技术（如图 6）。

Lang 开发的统计风浪比较算法使用了一种高频波能与风速之间关系。将当前小时 0.20 Hz 至 0.27 Hz 的频率范围内的波谱能量之和（密度）与当前和之前 3 小时的风速平均值的平方进行比较。当测量的波浪能量低于预先确定的极限时，与风能相比，WVHGT 被软性标记。给 WVHGT 分配 x 标记表示波能量相对于风速高于预期。y 标记表示波能量低于预期。Lang 算法表现良好，但有局限性，特别是在轻风的情况以及存在限制的观测站。由于这些局限性，观测资料可能被错误地标记为错误。Lang 算法的失效也可以显示风传感器的问题，但算法不分配风参数标记，因为其预计在风质量检查中可以获取。

Palao-Gilhousen 风浪算法代表了早期国家资料浮标中心的偏离质量控制体

系。这个算法查看数百个小时的数据而不是按小时查看数据。算法的基本原则类似于 Lang 算法的基本原则：将在 0.3 Hz 至 0.35 Hz 范围内观测到的波能量值的总和与基于相对应 4 小时平均风速的平方的上限和下限进行比较。限制不是普遍的。已经发现类似船型的浮标展示出类似的波响应特征。因此，风浪算法依赖于外壳类型。还有人发现，五大湖的站点需要独有的限制。Palao-Gilhousen 算法检查没有分配标记。

通过使用这种工具，风与波能的特征关系就可以可视化。这些图被划分为扇区和条件概率密度分布来进行计算。密度分布将整个数据云分解成每扇区概率事件。上限和下限由 0.1% 等值线划定。在站点特征 0.1% 等值线上叠加的散点图上描绘了 1 个月的风浪观测。有相当数量的有效点落在等值线外可能表明传感器失效。由算法输出的一个例子如图 6 所示。外轮廓内的点表明风和风浪能量之间有良好的相关性。

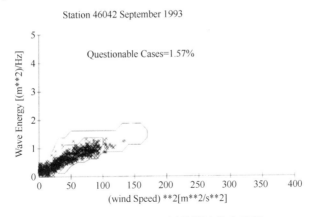

图 6　Palao-Gilhousen 风浪算法输出示例

4.1.6.2　定向波验证报告

定向波验证报告是每天由数据分析师用程序生成的，对具体的方向性和无方向性波浪的环境和内务测量值进行一系列实时检查。所有的检查报告都是唯一限制检查，由数据分析师维护，且基于每个观测站的地理位置、外壳类型和被采用定向波系统类型。此列表上的标记仅供审核，不像硬性和软性标记分配在实时处理中，这些也在报告中被指出，这些都没有成为国家资料浮标中心数据库的一部分。如果定向波数据失效，测量值不能通过这些中的一个或多个检查，则进行手动分析予以确定。

4.1.6.3 涌浪方向检查

靠近沿岸带有定向波浪系统的浮标不应用于测量来自海岸的有效涌浪能量。例如，在蒙特里湾附近 46042 号站的西海岸浮标，由于海岸线的原因避开了 355° 顺时针方向到 135° 向的任何长周期涌浪。涌浪的能量不应该来自扇形区的下限和上限，扇形区的下限和上限可以使用指定的国家资料浮标中心企业管理信息系统接口的波浪系统简要特性页面。每小时检查 0.03 Hz 到 0.10 Hz 频段的非定向波谱的波谱能量（C11），即不仅大于 $0.5 m^2/Hz$，还至少 5% 具有最高能量（$C11_{MAX}$）频带的波能量。如果任何频段满足上述要求的两个条件，而且在受保护方向上有对应的平均波向（ALPHA1），此时对应小时的波浪测量则用 q 软性标记。

4.1.6.4 高频频谱尖峰

一般来说，风浪的波谱能量随着频率的增加而衰减，(f) 与 f^{-4} 成正比。研究表明，在较高频率时最大小时变化频谱密度也与 f^{-4} 成正比。频率在 0.08 Hz 以上时，小时频谱密度变化的极限可以表示为：

$$\frac{\{d[s(f)]\}}{dt} = 0.006f^{-4}(m^2/Hz/hr)$$

这种关系被用来识别波浪位移谱高频部分中的异常尖峰。当频谱密度小时变化超过以上极限时，波高被标记 m。

4.1.6.5 波高与平均波周期

WVHGT 和 AVGPD 相比较，在一定程度上类似 GUST1 或 GUST2 与 WSPD1 或 WSPD2 相比较。临界值适合于两个平均周期的范围。如果测试失败，则 WVHGT 被标记 p。对于大于 5 秒的波周期，当 WVHGT 超过阈值 h_{max} 时，会产生标记，如下：

$$h_{max} = 2.55 + \frac{AVGPD}{4}(AVGPD \leq 5s)$$

对于大于 5 秒的 AVGPD，h_{max} 的测量定义如下：

$$h_{max} = 1.16AVGP - 2(AVGPD \geq 5s)$$

4.1.6.6 波向与风向

如果平均波向（ALPHA1）在 0.35 Hz 和风向之间的差异大于 25 度，平均波向（MWDIR）被标记 w。仅在风速大于 7 米/秒，自上次报告以来风向变化不超过 30 度，而且 0.35 Hz 的波谱密度大于 0.003 m²/Hz 时，这个检查才被执行。

4.2 国家环境预报中心场

国家资料浮标中心有一个程序使用国家环境预报中心数值模型场来确定传感器性能是否退化。这对于远程且无法与其他站位比较的离岸浮标来说尤其有价值。该程序将国家资料浮标中心测量值与由国家环境预报中心航空模型（Aviation Model）产生的初估场（6 小时预报）进行比较。这些场每天 4 次以 GRIB 编码格式从国家环境预报中心文件传输协议站点中提取，对应的有效时间为 00Z，06Z，12Z，18Z。模型场中使用的比较参数包括海平面压力、10 米高度风、相对湿度和 2 米高度气温。海面温度场来自日常海面分析。该程序打开 GRIB 编码文件，提取相关的场，并在 1°×1° 的全球网格内插值到观测站位置。检查模型输出和相应的站位测量差异是否在允许公差范围内。如果有超标现象，测量值将被标记 n。公差可以与一个测量函数或一个测量值比较，而且随着地理位置发生变化。内插到站点位置的大量模型输出值被赋予测量标识符并保留在数据库中。它们可能被视为任何其他数据库的测量值。用于计算公差的算法包含在附录 D。

4.2.1 连续风检查

范围限制、时间连续性和连续风下进行的双传感器检查与每小时风速相同。

如果每小时风速在硬性质量控制检查时不合格，涉及速度的连续风测量值将不会被发送；如果小时风向通不过质量控制，风向也不会被发送。此外还有几个仅适用于连续风的附加检查。

在实时处理过程中要检查原始信息的连续风部分是否有传输错误。如果检测到单个错误，则单个测量值被标记 T。如果检测到多个错误，则来自两个传感器的所有连续风均被标记 T，且不能发布。

检查在小时内测量的速度标准偏差正确与否关系到小时平均风速。可以看出风的标准偏差随着风速的增大而增加。最大允许标准偏差由下面关系定义：

$$\sigma = 0.8 + 0.142v$$

其中，v 是 WSPD1 或 WSPD2，σ 是最大允许标准偏差。

通过下面关系定义最小允许标准偏差：

$$\sigma = 0.07v(v \leqslant 8m/s)$$

和

$$\sigma = -0.57 + 0.142v(v > 8m/s)$$

如果标准偏差测量超出这些极限将标记 d。

4.2.2　海洋传感器算法和检查

国家资料浮标中心的海洋学质量控制标记与气象标记不同。国家资料浮标中心使用通过、怀疑和不通过来进行检查。

4.2.2.1　Aanderaa 海流计质量保证（QA）

回波脉冲（pings）数量

通过	PINGS ≥ 110
不通过	PINGS < 110

水平倾斜

通过	SCMTILTX ≤ 25°
不通过	SCMTILTX > 25°
通过	SCMTILTY ≤ 25°
不通过	SCMTILTY > 25°

上述检查必须通过 SCMDIR1 和 SCMSPD1 才能通过。

环境质量控制检查包括流向、流速和垂直速度：

通过	0.01° ≤ SCMDIR1 ≤ 360°
不通过	SCMDIR1 < 0.01°
不通过	SCMDIR1 > 360°
通过	SCMSPD ≤ 100 cm/s
不通过	SCMSPD > 100 cm/s
通过	Wv3 ≤ 0.05×SCMSPD
不通过	Wv3 > 0.05×SCMSPD

4.2.2.2 Son Tek 锚系式声学多普勒海流计（Argonaut MD）质量保证

系统功率的值：

        SCMDB1、SCMDB2 和 SCMDB3 的值一致，均在 50%内

电流的正交分量的标准偏差值：

通过	SCMSD1、SCMSD2 和 SCMSD3 均不大于 2.0
怀疑	只有 SCMSD1、SCMSD2 或 SCMSD3 中两个不大于 2.0
不通过	只有 SCMSD1、SDMSD2 或 SCMSD3 中只有一个或没有不大于 2.0

系统噪音值：

通过	$20 \leqslant SCMNOISX \leqslant 30$
怀疑	$30 < SCMNOISX \leqslant 45$
不通过	$SCMNOISX < 20$ 或 $SCMNOISX > 45$

横摇和纵摇角的标准偏差值：

通过	$SCMROLSD \leqslant 5°$
怀疑	$5° < SCMROLSD \leqslant 20°$
不通过	$20° < SCMROLSD$

通过	$SCMPITSD \leqslant 5°$
怀疑	$5° < SCMPITSD \leqslant 20°$
不通过	$20° < SCMPITSD$

罗盘航向的标准偏差值：

通过	$SCMCMPSD \leqslant 10°$
怀疑	$10° < SCMCMPSD \leqslant 25°$
不通过	$25° < SCMCMPSD$

回波脉冲百分比值：

| 通过 | $PINGP \geqslant 90\%$ |
| 不通过 | $PINGP < 90\%$ |

电池电压值：

| 通过 | $SCMBATT \geqslant 10$ 伏 |
| 不通过 | $SCMBATT < 10$ 伏 |

4.2.2.3　国家资料浮标中心气象浮标的声学多普勒海流计数据质量控制

提供 75 kHz 、300 kHz 、600 kHz 和 1200 kHz TRDI 声学多普勒海流计的质量控制算法。为了延长声学多普勒海流计的寿命，要求几个采样速率：超过 5 分钟周期进行 1 秒采样、2 秒采样和 2.5 秒采样。回波脉冲与采样率有关，较少的回波脉冲数会延长电池和声学多普勒海流计的使用寿命。下面的准则涵盖所有情况。

超过 300 秒（5 分钟）间隔进行 1 秒采样，以解决由于波浪引起的浮标运动。深度单元大小和数量不会影响阈值。

速度误差：

通过≤5 cm/s	5cm/s<怀疑≤20cm/s	失败> 20cm/s

有效阈值百分比：

通过≥19%	19%>怀疑≥15%	失败<15%

相关性幅度阈值：

通过≥115	115>怀疑≥63	失败<63

垂直速度阈值：

通过≤10cm/s	10cm/s <怀疑≤20cm/s	失败> 20cm/s

水平速度阈值：

通过≤100cm/s	100cm/s<怀疑≤150cm/s	失败> 150cm/s

超过 300 秒（5 分钟）间隔进行 2 秒采样，以解决由于波浪引起的浮标运动。除了下述内容所有值都相同。

有效阈值百分比：

通过≥38%	38%>怀疑≥30%	失败<30%

150 kHz 的采样率必须为 2 秒或以上。在 2 秒，有效阈值百分比如下：

通过≥56%	56%>疑似≥45%	失败<45%

在 1500 米以浅的水域，由于可能与底层污染返回信号的相互作用，75kHz 声学多普勒海流计的采样率为 2.5 秒。除了有效阀值百分比，对所有以上阈值都适用。

有效阈值百分比：

通过≥48%	48%>怀疑≥38%	失败<38%

4.2.2.4　石油和天然气行业声学多普勒海流计数据质量控制

石油和天然气行业通常由生产或钻井平台的外部电力为声学多普勒海流计提供支持。这就允许使用更多的能量来获取剖面海流数据。

这里为 38 kHz 和 75 kHz 声学多普勒海流计提供质量控制算法。38 kHz 声学多普勒海流计工作模式由窄带和宽带两种，并且对两种模式的数据都进行质量控制。

速度误差：

通过≤15cm/s	15cm/s<怀疑≤30cm/s	失败> 30cm/s

有效阈值百分比：

38 kHz：

通过≥25%	25%>疑似≥22%	失败<22%

75 kHz：

通过≥10%	10%>怀疑≥5%	失败<5%

相关性幅度阈值：

38N kHz：

通过 3beam ≥110	怀疑 2beam ≥110	失败 1beam ≥110

38W kHz：

通过 3beam ≥190	怀疑 2beam ≥190	失败 1beam ≥190

75 kHz：

通过 3beam ≥64	怀疑 2beam ≥64	失败 1beam ≥64

垂直速度阈值：

通过≤30cm/s	30cm/s<怀疑≤50cm/s	失败> 50cm/s

水平速度阈值：

通过≤125cm/s	125cm/s <怀疑≤250cm/s	失败> 250cm/s

为了解决波束与水体底部、表面和中层的相互影响，要使用回波强度。对于石油和天然气数据，以下测试是在第 15 层深度单元以后的所有深度单元上进行的：

通过	不相邻的深度单元差异> 30 个计数（对于单个波束）
怀疑	相邻的深度单元差异> 30 个计数（1 个波束）
失败	相邻的深度单元差异> 30 个计数（2 个或以上波束）

单独的深度单元状态是根据以下内容分配的：

通过　　　深度单元的所有测试都为通过

怀疑　　　不到一半的深度单元测试被标记为不通过

失败　　　超过一半的深度单元测试被标记为失败

最后，根据以下内容分配简介标记：

通过　　　所有深度单元状态结果都为通过

怀疑　　　不到一半的深度单元状态为不通过

失败　　　超过一半的深度单元状态为失败

4.2.2.5　气象浮标盐度

盐度（ZSAL1）通过由海鸟 39 – SM 或者 FSI 公司装置采集的电导率（ZCOND1）和温度数据（ZTMP1）计算出来。

通过　　　$-2°C ≤ ZTMP1 ≤ 40°C$（水温环境质量控制极限通常被取代）

通过　　　$0 ≤ ZCOND1 ≤ 7S/m$

通过　　　$0 ≤ ZSAL1 ≤ 42$ psu（站点特定限制经常被替代）

盐度（ZSSAL）也由海洋传感器模块（OSM）提供，它是 Sea Keepers 1000 设备的衍生物。盐度由 OSM 装置直接提供。

通过　　　$-2°C ≤ ZSTMP1 ≤ 40°C$（水温环境质量控制极限通常被取代）

通过　　　$0 ≤ ZSCOND ≤ 7S/m$

通过　　　$0 ≤ ZSSAL ≤ 42$ psu（站点特定限制经常被替代）

4.3　国家资料浮标中心标记

在国家资料浮标中心数据质量控制工作中标记的使用是非常必要的。标记向数据质量分析师发出信号，即测量未通过一个或多个自动化数据质量检查。多个报表和图形可将标志显示给数据分析师。上一节讨论了各种质量控制算法及其引发的标记。本节介绍了标记后面的各种含义，之前的章节中没有做出详细解释。缩写标记的含义在附录 E 给出。

4.3.1　硬性标记

硬性标记防止测量值被实时发布，并且必须是在测量数据被归档之前删除。大多数质量控制显示说明标记的存在只能指示一个标记。当测量值在硬质量控制检查中失败两次或更多时，打印优先级较高的标记。

4.3.1.1　D 标记——从国家气象局报告中删除传感器

如果传感器的测量值不能实时发布，那么这测量值被设置标记 D。手动设置操作交由数据分析师完成，该数据分析师评估传感器的可靠性。D 标记并不意味着测量在自动质量控制检查中必然失效。

4.3.1.2　H 标记——反转的传感器层次结构

双传感器的层次结构在一定条件下自动反转。主传感器数据与第二传感器数据在消除用特别方法计算的区域和季节的影响后，存在明显差异，则被辨认为退化。当这种情况发生时，主传感器用 H 标记并且层次结构反转。层次结构将保持反转，直到手动更改或其他层次结构反转发生。该算法在 4.1.4 节中已讨论。

4.3.1.3　L 标记——失败范围限制测试

如果测量结果小于下限或大于上限，则设置标记 L。如果小于相应的风速（WSPD1 或 WSPD2），L 也用于标记阵风（GUST1 或 GUST2）。

此外，当适用期限发生在系统正常操作范围之外，国家资料浮标中心也将 L 标记应用于波向参数：MWD、SWDIR 或 WWDIR。举一个例子，国家资料浮标中心标记 10 米和 12 米标体的波向周期小于或等于 5 秒，因为研究表明这些方向往往不可靠。

4.3.1.4　M 标记——缺少传感器数据

在实时处理过程中，由于信息损坏或截断，M 标记被分配给丢失的测量结果。另外，如果因为在国家气象局远程通信网关未收到信息造成数据库中的数据丢失，则分配标记 M。在大多数数据提取报告中，如果数据丢失，M 标记旁边将出现在默认值（0.0）。

4.3.1.5　N 标记——负波谱密度

如果任何频带的频谱波密度是负数，国家资料浮标中心将给 WVHGT 分配 N 标记。协方差（自相关）波分析早已经不再使用，目前使用的快速傅立叶变换进行频谱分析已经排除了任何负的波谱密度值。

4.3.1.6　R 标记——相关测量失败

测量结果在数据库中可以定义为相关联的。如果与之相关的测量值被硬性标记，则这个测量结果被标记 R。

4.3.1.7　S 标记——无效的统计参数

如果 QMEAN 值不在 QMIN 和 QMAX 值之间，升沉的平均值、最大值和最小值（QMEAN、QMAX 和 QMIN）被硬标记 S。当设置 S 标记时，WVHGT 也被用 T 标记，并且不发布有关波的测量结果。

4.3.1.8　T 标记——传输奇偶校验错误

如果在连续风信息部分遇到单个错误，则有错误的单独测量值将被 T 标记。如果在连续风信息部分有一个以上的错误，则来自两个传感器的全部连续风的测量值都被标记为 T。对于非波形处理模块波系统，如果在波形信息部分的任何地方出现一个错误，则所有波形数据被 T 标记。当深海海啸评估及预警系统的数据校验和测试失败时，也给深海海啸评估及预警系统的数据加上 T 标记。

4.3.1.9　U 标记——无效的离散波参数

当 WVHGT 低于低能量的临界值时，国家资料浮标中心将 U 标记分配给 DOMPD 和 MWD 测量值。在低能量情况下（见 c 标记），离散参数，如 DOMPD 和 MWDIR，可以在波谱密度变化非常小且不重要的报告之间发生很大变化。在 2008 年 2 月，低能量临界值设定在 0.15 米，但为了与世界气象组织信息中的波形参数的编码一致，在 2008 年 6 月改为 0.25 米。

4.3.1.10　V 标记——失败的时间-连续性测试

当测量值超过变量随时间的允许变化，被设置 V 标记。几种用于计算允许变化的算法已在 4.1 节讨论了。

4.3.1.11　W 标记——波形处理模块传输错误

如果检测到原始信息的波形处理模块部分较短、奇偶校验错误、校验和失败，则 WVHGT 将被 W 标记，并且所有与波相关的数据将不会被发布。这个与分配给非波形处理模块的波信息 T 标记类似。

4.3.2 软性标记

软性标记设置在可疑的测量值上。这些标记警告数据质量分析人员要比平时更仔细地查看测量结果和其他相关的测量，以确定数据的质量。已被软性标记的数据将会继续发布和归档，直到数据质量分析师确定数据是无效的、不应再被发布为止。

4.3.2.1 a 和 b 标记——高于或低于区域和季节限制

如果测量值高于（a）或低于（b）区域和月度范围限制，则被标记 a 和 b。区域和季节范围限制在 4.1.1 节已讨论。

4.3.2.2 c 标记——平静的海洋状态标志或校正值

2008 年 2 月，国家资料浮标中心决定，当 WVHGT 小于 0.15 米时，停止将波形参数修正为零。而现在国家资料浮标中心保留原始测量结果，但是对 DOMPD 和 MWDIR 的离散参数使用 U 标记（见 U 标记）。为了与世界气象组织信息中的波形参数编码一致，在 2008 年 6 月，临界值改为 0.25 米。

当 DEWPT1 大于相应的 ATMP1 时，DEWPT1 设置为等于 ATMP1 且标记为 c。DEWPT2 和 ATMP2 也是如此。

4.3.2.3 d 标记——标准偏差检查失败（仅限连续风）

当连续风测量不符合标准偏差检查时，它们被标记 d。

4.3.2.4 f 标记——每小时时间连续性检查失败

超过季节性时间变化率（时间连续性）限制的测量值，将被标记 f。在 4.1.2.1 节描述了季节限制。

4.3.2.5 g 标记——故障平均速比检查失败

当阵风带来的平均速度（WSPD1 或 WSPD2）的比率超过了作为风速函数已确定的限制时，将 g 标记到阵风（GUST1 或 GUST2）的测量值上。

4.3.2.6 i 标记——连续和小时风速不一致

如果标准风速与相对应的连续风之间的差异速度超过已确定的限制，那么连续风速被标记 i。

4.3.2.7 j 标记——连续风传输错误

如果在信息中连续风部分的任何地方检测到一个传输错误消息，含有错误的测量值用 T 标记，而其他所有连续风测量值则标记 j。如果检测到多于一个错误，则所有连续的风都用 T 标记并且不发布。

4.3.2.8 k 标记——重复传感器之间的增量过大

如果来自双传感器的测量值之间的差异大于区域和季节限制，均用 k 标记。检查在 4.1.4 节中有描述。

4.3.2.9 m 标记——波谱时间连续性检查失败（C11）

如果检测到高频波谱中的尖峰，则 WVHGT 用 m 标记。该检查见 4.1.6.4 节。

4.3.2.10 n 标记——国家环境预报中心模型比较失败

如果测量值与国家环境预报中心模型场进行比较，超过其限制，则被用 n 标记。

4.3.2.11 p 标记——波高/波周期检查失败（只考虑波周期）

用与 GUST1 或 GUST2 相似的方式比较 WVHGT 和 AVGPD 与 WSPD1 或 WSPD2。WVHGT 和 AVGPD 相比较，在一定程度上类似 GUST1 或 GUST2 与 WSPD1 或 WSPD2 相比较。临界值适合于两个平均周期的范围。如果测试失败，则将 AVGPD 标记 p，该算法在 4.1.6.5 节讨论过。

4.3.2.12 q 标记——定向波算法失败

当平均波向（ALPHA1）在低频范围内，说明涌浪是来自向岸方向，则 WVHGT 被分配一个 q 标记。定向波算法分配该标记的部分已在 4.1.6.3 节中描述。

4.3.2.13 r 标记——相关测量失败（仅限持续风）

如果相关的信息没有通过质量控制检查，那么测量结果被标记 r。这个仅适用于连续风。

4.3.2.14 s 标记——卡住的罗盘检查失败

如果罗盘原始测量值（RCOMP）在连续三个报表中没有改变，则 RCOMP 和风向（WDIR）被标记 s。这表明罗盘可能失效了，导致风向可能不准确。

4.3.2.15 t 标记——重复传感器之间的趋势增量过大

对双传感器测量值之间差异的时间变化率进行比较，如果差异太大，根据季节和区域临界值，两个测量值都被用 t 标记。WSPD1 与 WSPD2 和 BARO1 与 BARO2 进行比较。这检查已在 4.1.4 节中讨论。

4.3.2.16 v 标记——湿度和能见度检查失败

如果与报表中的露点降低相比，能见度过高或过低，RH1、DEWPT1 和 VISIB3 都用 v 做软性标记。

4.3.2.17 w 标记——波向和风向检查失败

如果在 0.35Hz 的平均波向（ALPHA1）和风向之间的差异大于 25 度，则平均波向（MWDIR）被标记 w。

4.3.2.18 x 和 y 标记——风浪算法限制失败

当风浪能量高于预期时，根据最近的风速度测量结果，波高（WVHGT）被标记 x。当风浪能量较低，WVHGT 被标记 y。该算法已在 4.1.6.1 节中讨论。

4.3.2.19 z 标记——平均艏向角和风向失败

如果在风速大于 7 米/秒情况下，风向（WDIR）和平均浮标艏向角（FWDIR）之间相差 35 度以上，则 WDIR 和 FWDIR 都被标记 z。只有这个检查适用于配有导流片的浮标（例如 3 米圆盘形浮标）。

4.4 数据质量报告和图形

通过自动化质量控制检查分配给测量结果的标记将保留在国家资料浮标中心数据库中。数据分析师可以使用各种各样的报告和图形显示来检查已标记的数据。其中一些应用程序每天都以批处理的方式运行，其他由数据分析师根据需要启动（国家资料浮标中心，1998 年）。无论哪种情况，测量数据都是从数据库中提取并以表格或图形格式显示。任何被分配到测量数据的标记都显示在显示器上。本节将介绍一些在这个过程中使用的应用程序。

4.5 报告和图形

分析人员可以提取并查看国家资料浮标中心数据库的测量结果来生成各种报表和图形。他们提供了一定的灵活性用以满足数据质量分析师的各种各样需求。

4.5.1 国家资料浮标中心可视化工具套件（VTS）

可视化工具套件（VTS）是数据质量分析师用来验证数据的主要工具。它提供的分析人员多种评估数据的方式。该套件允许分析师以表格形式和图形形式使用时间序列图查看数据。

可视化工具套件（VTS）以表格形式提供了 24 小时内的测量数据。在套件中包括主观测站测量值以及双传感器测量值之间的差异。一些重要的内务管理测量数据也是包含在套件中，包括电池电压和电流。标记通过应用对标志的数据进行着色和在数据附近显示标记来表示。用不同的配色方案来描述应用的不同标记。

可视化工具套件（VTS）包括定制的预生成图形。时间序列图包括 24 小时和 72 小时图。24 小时图可以用来进行更详细的评估，而 72 小时图让分析师看到较大的时间趋势。分析人员独立地使用标记查看传感器数据，可以定义相关的测量结果，并将其绘制在同一时间序列图上。举例来说，气温可以根据其附近站点的气温或数值模型数据绘制。分析师可能会选择在同一个图上查看气温和风向。风向和气温的同时急剧变化可能与锋面的形成有关，从而给出了急剧参数变化率的物理解释。分析人员可以灵活地将任何的可用参数集合并相互关联，从而对数据进行有效的评估（Sears，2008）。

4.5.2 国家资料浮标中心绘图服务器

绘图服务器从数据库检索数据，并以图形格式传送到用户的 Web 浏览器。可用图形包括：

- 单个和堆叠时间序列：包含在国家资料浮标中心数据库的任何观测站测量图都可以绘制。网格模型场被插值到观测站点位置。最多可以将两个站点上3个以上测量结果绘制在一张图上。堆叠图给用户提供了一个选择，用给定观测站点的3个堆叠图提供最多6个测量数据。时间段是由用户指定的。

- 通用散点图：允许绘制从数据库中获得的任意两个数据。这些测量数据可以是相同站点或不同站点的。

- 波谱图：提供的绘制图选项有波谱密度、波谱方向或两者兼有。

- 波浪能量与风速散点图：这些图可用于判断相对于风速而言，风浪是否过高或过低，又或者升沉传感器是否可能老化。它们的使用已经在 4.1.6.1 中有描述。

- 垂直剖面图的程序访问产品数据库 The NDBC Oracle®，并为选定站点且指定日期（时间）的温盐深（CTD）或海流数据进行检索和制图。用户可以选择所提供的一个或多个、绘制不超过两个测量单位的测量值。

- 深海海啸评估及预警系统 DART®事件图从指定的时间段检索并编码所有数据。

- 观测站位置图：显示了站点在监控圈的相互位置。

4.5.3 用户指定报告

国家资料浮标中心 The NDBC Oracle®数据库接口为用户提供了各种各样的报告，并提取和显示数据。这些主要是由计算机屏幕显示，但是如果用户需要，可以将它们打印出来。这些包括：

- MET DIFFS：这与5.1.1 节中讨论的预生成报告相同，但用户可以指定报告的站点和时间段。

- 时间制表（TIME TAB）报告：允许用户从单个站点最多指定 10 个测量值，创建一个测量与时间显示。这个应用程序可用于数据提取并写入文件以供其他文件使用。

- 站点气象测量（MET MEAS）报告：本报告显示了观测站所有预期测量、它们的数值和任何已分配标记的列表。可能需要一个或多个小时。这份报告有助于确定一个所报告的站点有什么样的环境和内务测量结果。

- 站点位置报告：本报告在一个列表中根据用户指定时间段显示每一台适用的定位系统（GPS，LORAN 等）的站点位置。在每一个位置上，标示浮标系泊距离（单位 n mile）和监控圈的百分比。

● 波浪摘要报告：此报告显示主波测量（WVHGT、DOMPD 和 AVGPD）以及指定小时内每个频率的非定向和定向波谱值。其他与波浪测量系统好坏有关的环境和统计内务测量也显示出来。

参考文献

American Meteorological Society, 2000: Glossary of Meteorology, Second Edition.

Brown, H., and Gustavson, R., 1990: Infrared laser wave height sensor, Proc. Marine Instrumentation '90, 141-150.

Grasshoff, K., 1983: Determination of salinity, Methods of Seawater Analysis, K. Grasshoff, M. Ehrhardt, K. Kremling, Eds., Verlag Chemie, Weinheim, pp. 31-59.

Lang, N. C., 1987: An algorithm for the quality checking of wind speeds measured at sea against measured wave spectral energy, IEEE J. of OCEAN. ENG., OE-12 (4), 560-567.

Liu, W. T., Katsaros, K. B., and Businger, J. A., 1979: Bulk parameterization of air-sea exchanges of heat and water vapor including the molecular constants at the interface, J. Atmos. Sciences, 36, 17221735.

National Data Buoy Center/NTSC, 2007: Sea level pressure reduction, NDBC Technical Services Contract Instruction/Procedure D07-053.

National Data Buoy Center, 1998: Tapered QC, NDBC Technical Document 98-03.

National Data Buoy Center, 1996: Nondirectional and directional wave data analysis procedures, NDBC Technical Document 96-01, January.

National Weather Service, 1980: Computer calculated sea level pressure for automatic weather stations, NWS Technical Procedures Bulletin No. 291, November 14.

Palao, I. M. and Gilhousen, D. B, 1993: A Re-derivation of the NDBC Wind-Wave Algorithm, Proc. of WAVE'93, Second International Symposium, New Orleans, LA July 25-28, 1993, published by American Society of Civil Engineers, pp. 569-575.

Saucier, W. J., 1955: Principles of Meteorological Analysis, University of Chicago Press, p. 9.

Sears, I., 2008: An Overview of Quality Control Procedures For Buoy Data at the National Oceanic and Atmospheric Administration's National Data Buoy Center. Proceedings of the Environmental Information Management Conference.

Tetens, O., 1930: Zeitschrift für Geophysik, Vol. VI.

Winant, C., Mettlach, T., Larson, S., 1994: Comparison of buoy-mounted 75-kHz Acoustic Doppler Current Profilers with vector-measuring current meters. Journal Atmospheric and Oceanic Technology, Volume 11, 1317-1333

WBAN, 1963: Manual of Barometry, Vol 1, Ed 1, U. S. Government Printing Office, Washington, D. C.

WMO, 2006: Guide to Meteorological Instruments and Observations, WMO - No. 8, Seventh Edition, World Meteorological Organization, Geneva, Switzerland.

WMO, 1995: WMO No. 306 Manual on Codes, Alphanumeric Codes, Volume 1, Geneva, Switzerland.

附录 A　NDBC 气象站观测标识符

字符识别	描述	相关传感器/注释
ACQMIN	采集结束时间	
ANALOG1	模拟通道 1	
ANALOG2	模拟通道 2	
ANALOG3	模拟通道 3	
ANALOG4	模拟通道 4	
ANGPMAX	最大纵摇角	DWA，WPM
ANGPMEAN	平均纵摇角	DWA，WPM
ANGPMIN	最小纵摇角	DWA，WPM
ANGPSTD	纵摇标准偏差	WPM
ANGRMAX	最大横摇角	DWA，WPM
ANGRMEAN	平均横摇角	DWA，WPM
ANGRMIN	最小横摇角	DWA，WPM
ANGRSTD	横摇标准偏差	WPM
AORG	波浪开始采集的艏向	DWA，WPM
ATMP1	#1 气温	RH1
AVGPD	平均波周期	DOMPD，WVHGT
AVGDIR1	持续平均风向#1	
AVGDIR2	持续平均风向#2	
AVGSPD1	持续平均风速#1	
AVGSPD2	持续平均风速#2	
B11，B12，B21，B22	壳体磁性系数	
B10，B20	壳体磁性偏移	
B1MAX	地球最大总磁通量	B1 表示垂直和水平分量总和，WPM
B1MEAN	地球平均总磁通量	
B1MIN	地球最小总磁通量	
B1STD	B1 的标准偏差	

字符识别	描述	相关传感器/注释
B2MAX	地球上最大水平磁通量	B2 表示水平分量，仅是，WPM
B2MEAN	地球上平均水平磁通量	
B2MIN	地球上最小水平磁通量	
B2STD	B2 的标准偏差	
BARO1	#1 海平面气压	SBAR1，ATMP1，BATT1
BARO2	#2 海平面气压	SBAR2，ATMP1，BATT1
BATT1	电池间接电压	
BEY	地球磁场水平分量	模型估计（WPM，DWPM）或测量的平均值（DDWM，WAMDAS）
BEZ	地球磁场垂直分量	模型估计（WPM，DWPM）或测量的平均值（DDWM，WAMDAS）
CCOMP1	#1 罗盘校正	RCOMP1
CCOMP2	#2 罗盘校正	RCOMP2
CWD1	第一组持续风向#1	
以此类推		以此类推
CWD6	第六组持续风向#1	
CWS1	第一组持续风速#1	
以此类推		以此类推
CWS6	第六组连续风速#1	
CWSTD1	持续风标准偏差#1	
CWSTD2	持续风标准偏差#2	
DELTAMAX	最大旋转速率	DWA
DELTAMIN	最小旋转速率	DWA
DEWPT1	露点#1	RH1，ATMP1
DIRMXGT1	持续风最大瞬时风方向#1	
DIRMXGT2	持续风最大瞬时风方向#2	
DNIMPV	全天候能见度	
DOMPD	主波周期	AVGPD，WVHGT
FWDIR	正向（在浮标波浪采集期间，浮标平均航向）	DWA，WPM
GPSLAT	GPS 的纬度	

字符识别	描述	相关传感器/注释
GPSLON	GPS 的经度	
GPSSEC	时间从午夜开始	
GUST1	5 秒最大瞬时风#1	
GUST2	5 秒最大瞬时风#2	
IPCURR	输入电流	
MAGVAR	本地磁场变化（磁偏角）	定向波系统
MWDIR	平均波向	
MXGT1	持续风 5 秒瞬时风#1	
MXGT2	持续风 5 秒瞬时风#2	
MXMIN1	持续风 5 秒瞬时风#1 中最小值	
MXMIN2	持续风 5 秒瞬时风#2 中最小值	
ORG11	平均降水（分钟 51-05）	
ORG12	标准差（分钟 51-05）	
ORG13	最大降水（分钟 51-05）	
ORG14	平均降水（分钟 06-20）	
ORG15	标准差（分钟 06-20）	
ORG16	最大降水（分钟 06-20）	
ORG17	雨水量（分钟 51-20）	
ORG21	平均降水（分钟 21-35）	
ORG22	标准差（分钟 21-35）	
ORG23	最大降水（分钟 21-35）	
ORG24	平均降水（分钟 36-50）	
ORG25	标准差（分钟 36-50）	
ORG26	最大降水（分钟 36-50）	
ORG27	雨水量（分钟 21-50）	
OWD1	第一组持续风向#2	
以此类推	以此类推	
OWD6	第六组持续风向#2	
OWS1	第一组持续风速#2	
以此类推	以此类推	
OWS6	第六组持续风速#2	

字符识别	描述	相关传感器/注释
PREC1	#1 降水	
PREC2	6 小时累计降水量	
PWSPD	浮标倾斜风速	仅适用于 Hippy 40 的 3 米标体测量
QMAX	最大升沉调整	
QMAXRAW	据报道最大升沉	
QMEAN	平均升沉调整	WVHGT，DOMPD，AVGPD
QMEANRAW	据报道平均升沉	
QMIN	最小升沉调整	
QMINRAW	据报道最小升沉	
QSTD	升沉标准差	WPM，NDWPM
QSPIKES	峰值的时间序列数	仅用在 NDWPM 波浪系统
RCOMP1	罗经原始数据#1	CCOMP1，WDIR1
RCOMP2	罗经原始数据#2	CCOMP2，WDIR2
RH1	相对湿度#1	DEWPT1，ATMP1
RWD1	风向原始数据#1	
RWD2	风向原始数据#2	
SBAR1	本站气压#1	
SBAR2	本站气压#2	
SDAMAX	旋转最大级数	DWA，WPM
SDAMIN	旋转最小级数	DWA，WPM
SRAD1	太阳辐射#1	
SWDIR	涌浪方向	
SWHGT	涌浪高度	
SWPD	涌浪周期	
TGAUG01	第一组潮高	
以此类推	以此类推	
TGAUG10	第十组潮高	
TGCNT01	第一组潮汐计数	
以此类推	以此类推	
TGCNT10	第十组潮汐计数	
TGSTD01	第一组潮汐标准偏差	

字符识别	描述	相关传感器/注释
以此类推	以此类推	
TGSTD10	第十组潮汐标准偏差	
TIDE	潮高	
TILTMAX	浮标最大倾斜	DWA，WPM
TOTMAG	总磁量	DWA
UV001	东分量流速#01	ADCP
以此类推	以此类推	ADCP
UV023	东分量流速#23	ADCP
VISIB1	能见度	
VISIB2	能见度	
VISIB3	能见度	
VV001	北分量流速#01	ADCP
以此类推	以此类推	ADCP
VV023	北分量流速#23	ADCP
WSPD1	风速#1	GUST1，WSPD11，WSPD12
WSPD11	10 米高度的风速#1	
WSPD12	20 米高度的风速#1	
WSPD2	风速#2	GUST2，WSPD21，WSPD22
WSPD21	10 米高度的风速#2	
WSPD22	20 米高度的风速#2	
WTMP1	水温#1	
WV001	垂直分量流速#0	ADCP
以此类推	以此类推	ADCP
WV020	垂直分量流速#20	ADCP
WVAGE	波龄	DWA
WVHGT	有效波高	AVGPD，DOMPD，QMAX
WWDIR	风浪波向	
WWHGT	风浪波高	
WWPD	风浪周期	
ZXMAX	浮标最大东西倾斜	WPM
ZXMIN	浮标平均东西倾斜	WPM

字符识别	描述	相关传感器/注释
ZXMIN	浮标最小东西倾斜	WPM
ZXSTD	东西倾斜标准偏差	WPM
ZYMAX	浮标最大南北倾斜	WPM
ZYMEAN	浮标平均南北倾斜	WPM
ZYMIN	浮标最小南北倾斜	WPM
ZYSTD	南北倾斜标准偏差	WPM

附录 B 相对湿度的转换

用下列方程计算全部装备的露点值。

第一步，e_s 饱和蒸汽压，通过里面湿度探头测得气温（T）使用下式计算：

$$e_s = \exp\left[\left(-\frac{5438}{T + 273.15}\right) + 21.72\right] \tag{B1}$$

根据（B1）公式，假设蒸气压为 e，则使用下式计算：

$$e = \exp\left[\left(-\frac{5438}{T_d}\right) + 21.72\right] \tag{B2}$$

露点公式为：

$$T_d = \left[-\frac{5438}{\ln\left(\dfrac{e_s r}{100}\right) - 21.72}\right] - 273.15 \tag{B3}$$

这里的 r 为观测的相对湿度。

在比 ARES 更旧的装备上，相对湿度不会从浮标发射，它将在岸边重新计算，通过公式（B1）得到 e_s，通过公式（B2）得到 e，然后用下式计算相对湿度：

$$r = 100\frac{e}{e_s} \tag{B4}$$

这种计算的缺陷是用气温代入（B1），而与相对湿度探头测量温度不相同。更确切地说，它是在独立的环境中标准气温传感器的测量值。ARES 和 AMPS 克服这点的做法是，代入气温和观测的相对湿度。

附录 C   大气能见度的测量

下面公式，也被称为 Koschmieder 定律，是一个远处目标视程理论基本方程式。

水平天空背景亮度 B_h，目标物的亮度 B_b，消光系数 σ，白天能见度距离 V_{day}，则有：

$$V_{day} = -\left[\frac{\ln\left(\dfrac{B_b - B_h}{B_h}\right)}{\sigma}\right] \tag{C1}$$

消光系数是 Beer 定律的结果：

$$I = I_0 \exp(-\sigma x) \tag{C2}$$

I_0 为目标物固有的亮度，经过 x 距离后的亮度为 I。

$\dfrac{B_b - B_h}{B_h}$ 的数值为亮度对比值，在白天时，NDBC 使用仪器的对比值取为 0.05。则：

$$V_{day} = -\left[\frac{\ln(0.05)}{\sigma}\right] = \frac{2.99573}{\sigma} \approx \frac{3}{\sigma} \tag{C3}$$

能见度距离单位为千米（km），则 σ 的单位为 km^{-1}。

在夜间人造光源的能见度问题上，Allard 定律解决了点光源与距离变化的关系。设 I 为单位面积接收的照度，x 为从光源到观察者的距离，L 为点光源灯光强度，Allard 定律则表述为：

$$I = L\frac{\exp(-\sigma x)}{x^2} \tag{C4}$$

照度阈值为 I_T，光源与观测者距离为 v_{night}，则：

$$I_T = L\frac{\exp(-\sigma v_{night})}{v_{night}^2} \tag{C5}$$

发现照度阈值和光源与观测者距离 v_{night} 成反比关系，关系如下：

$$I_T \propto \frac{I_0}{v_{night}} = S_v$$

因此，

$$S_v = \frac{L\exp(-\sigma v)}{v} \tag{C6}$$

让 S_v = 0.084 坎德拉/英里，L = 25 坎德拉（取值于 NWS1991 年 9 月 11 日备忘录中关于 ASOS 的能见度测量），则有：

$$0.00336v = \exp(-\sigma v) \tag{C7}$$

这个方程不能直接应用于 NDBC 仪器测量 σ，所以必须使用一个近似值，近似值如下：

$$v_{night} = -\frac{\sigma^{\frac{6}{5}}}{6} \tag{C8}$$

这里的单位分别是 km 和 km^{-1}。

附录 D　质量控制算法

本附录主要提供此手册中主要章节没有的 QC（Quality Control 质量控制）计算程序细节、示例或者两者兼之。最重要的是 EQC（Environmental Quality Control 环境质量控制）计算程序都包括在内，其他复杂的已在这本手册的主要部分讨论过了。

执行"传输奇偶校验错误"检查，用 T 和 W 标记

T 和 W 标记检查原始信息中的连续风部分的错误和"T"标记错误的单个测量值。

在两个连续风传感器测量中，如果不止一个错误出现，则标识"T"标记。

对于 non-WPM 波浪系统，如果在波浪任何一部分出现一个错误，用"T"标识全部波浪。

对于 DART© 系统，"T"标记表示一个错误校验和。

对于 WPM 系统，若波浪信息比较短，"W"标识表示所有相关测量值，包括错误校验和/或奇偶校验错误检查。

执行连续时间检查，用"V"标记

"V"标记检查给定的时间段内每个测量值的变量，这是通过计算当前值和最后一个正常值之间的变化量得出的，进而将变化量与这段时间内连续增量进行比较，以下是用于时间连续性的算法：

delta_ time =（最后一个正常值时间 −当前值的时间）

delta_ value = ABS（最后一个正常值 − 当前值）

如果一个 ADCP 站和水平流速测量

（UV0xx，VV0xx）then

if（delta_ time = 1）then

if（delta_ value > 13. 14）

set the "V" flag

else if（delta_ value > 11. 26）

set the "f" flag

```
else if（delta_ time = 2）then
if（delta_ value > 19.35）
set the "V" flag
else if（delta_ value > 16.59）
set the "f" flag
else if（delta_ time = 3）then
if（delta_ value > 24.96）
set the "V" flag
else if（delta_ value > 21.39）

set the "f" flag
end if
last_ good_ value = current_ value
last_ good_ time = current_ time
else if meas_ id = RH then
change_ limit = .58 * nws_ time_ cont * SQRT（delta_ time）
delta_ wdir = ABS（current_ wdir − last_ good_ wdir）
delta_ atmp = ABS（current_ atmp − last_ good_ atmp）
if（delta_ value > change_ limt）and（WSPD < 4 m/s）and
（delta_ wdir < 90）and（delta_ atmp < 2）
set "V" flag
else
if（delta_ time > 3）then delta_ time = 3
change_ limit = .58 * nws_ time_ cont * SQRT（delta_ time）
if（delta_ value > change_ limit）then
set the "V" flag
end if
```

对所有测量值进行上述操作，除非风暴限制产生，顺序为 ｛ sea lvl. press（海平面气压）. 或 sta. press（站气压），wind spd（风速），wind dir.（风向），air temp.（气温），water temp.（水温），waves（波浪）｝。如果海平面气压有问题，无论检查标是"V"或"L"，也标示站压力。如果由于缺少气温而不能计算海平面气压，请执行站压力检查。规定要考虑在相对湿度（RH）情况下锋面通过的可能性。

对以下时间连续性标识（V）的数据进行重新时间连续性检查：

if sea lvl. press. = V flag and < 1000 hPa

remove flags for present and previous hour

end if

if wind spd. = V flag and < sea lvl. press. < 995 hPa

remove flags for present and previous hour

end if

if air temperature = V flag and wind speed > 7 m/s

or air temperature = V flag and change in wind direction from last good report

> 40 deg. and wind speed > 4 m/s

remove flags for present and previous hour

end if

检查范围：L 标识

L 标识检查每个测量的量程限制。如果测量值低于下限或高于上限，则对该测量值设置标记"L"。

电池电压检查值小于 10.5（伏特），这个条件会引起报告气压值（BARO1 and/or BARO2）不正确。如果电池电压低于最小值 10.5（伏特），在 BAROs 上将标识"R"标记。

if measurement ！= (. NE.) V flagged：then

if m = ｛sea lvl. press. , sta. press. , air temp. , water temp. ｝: then

if measurement < lower limit or measurement > upper limit：

L Flag the measurement

else if m = ｛wind speed，dom. Wave pd. , sig. wave ht. ｝: then

If measurement > upper limit：

L Flag the measurement

end If

重复传感器验证：H 标识

目前 NDBC 不执行此检查。万一要使用，在手册中可以找到参考。

风向检查

如果两个方向中至少一个风速传感器工作（工作意味着在刚刚完成的范围限制和时间连续性检查中，测量结果不标记"D"，也不标记"L"或"V"）和至少一个风速大于 2.5m/s：

推断风向之间的差异：那么

若差异>25°，且从之前报表（如果发生在过去 3 小时内，之前报表指的是上次的工作报表）中至少一个速度>2.5m/s：

从之前报表中推断两个传感器的风向差异，那么：

如果风向差异最小传感器差 2 级：

将常规和连续风切换另外一套系统 [报告的另外（备份）传感器和继续为随后的报表备份报告]

结束

风速检查

如果两个风速传感器都工作：

推断两者差异：

若差异大于 1.5 m/s，则

风速差异达到 2 级：

将常规和连续风切换另外一套系统

结束

海平面气压检查

如果两个海平面气压仪（SLPs）都工作：

推断两个海平面气压仪差异：

否则如果两站气压也工作：

推断两站气压差异

否则

difference = -99

end If

if difference！= -99：then

if difference > 1.0 hPa：then

若最近报表压力最低值的差异达 2 级：

将 SLP 和 SBAR 切换另外一套系统

结束

瞬时风速率比测试：g 标识

执行此检查，以验证标准瞬时风和每小时最大瞬时风。

首先，在这段时间内，比较标准（8 分钟或是 2 分钟平均风速）的风速（WSPD）、瞬时风（GUST）。然后，如果站位安装连续风测量设备，也用这算法比较在一个小时内最大瞬时风（GUST = MXGT）、平均风速（设 WSPD = AVG-SPD）。

GZERO = 1.98 − (1.887 * exp (−0.18 * GUST))

RATIOMAX = 1.5 + (1.0/GZERO)

RATIO = GUST/WSPD

if (WSPD < 0.3) then

RATIOMAX = RATIOMAX + 5.0

else If (WSPD < 1.0) then

RATIOMAX = RATIOMAX + 3.0

else If (WSPD < 3.0) then

RATIOMAX = RATIOMAX + 0.7

else If (WSPD < 6.0) then

RATIOMAX = RATIOMAX + 0.35

else

RATIOMAX = RATIOMAX + 0.2

end If

if RATIO > RATIOMAX

flag with a g

else if

if RATIO <= 0.9

flag with a g

end if

连续风速验证算法：i 标识

唯一持续风速验证是单一的，连续的 10 分钟平均风速（CWS）的时间间隔包括 2 分钟或 8 分钟的平均标准风速（WSPD）。如果标准风速（WSPD）平均间隔大于或等于 8 分钟，则气象采集时间在 50 分钟结束（通常为浮标）。

计算 CWS 和 WSPD 之间绝对差别：

compute absolute difference between CWS and WSPD

if absolute difference >2. 0 m/s

"i" flag CWS

end if

else If 气象采集时间在 0 分时刻（C-MAN 典型站）：

If absolute difference>3. 0m/s

"i" flag CWS

end if

否则：不要检查。

NCEP 领域：n 标识

比较 NDBC 测量与到该站点的 NCEP 插值是判断传感器损坏的好方式。虽然检查基本上是范围检查，但有些检查的范围限制以简单的方式随地理位置和其他测量值的变化而变化。

下面是 NCEP6 小时预报场资料，在 00Z、06Z、12Z、18Z 有效，计算差值的绝对值（插值-测量）：

海平面气压

低纬度地区的气压变化低于高纬度地区。在极小梯度的高压区，模型的性能表现得更好。

if Latitude < 30 degrees：then i

f difference > 2. 5 hPa：

flag with an n

else if Obs. Sea Lvl. Pressure > 1008 hPa：then

if difference > 2. 5 hPa：

flag with an n

else if Obs. Sea Lvl. Pressure > 995 hPa：then

if difference > 4. 0 hPa：

flag with an n

else if difference > 6 hPa：

flag with an n

end if

气温

在西海岸附近，由于海洋和附近内陆地区温度梯度很大，模型的性能有时表现较差。

difference = （interpolated value − the measurement）

if Longitude > 110 W and < 129W：then

If difference > 10°C . OR. difference < −5 °C：

flag with an n

else if ABS（difference）> 3.0°C：

flag with an n

end if

海平面气温

If difference > 4.0°C：

flag with an n

end if

风向

小风速不适用于检查，因为风向经常变化。

在同一位置上，公差随着风速变大而增大，观测的风速校正到 10 m 高度。

A = Min｛模式风速，外推至 10m 的观测风速｝

if A > 10 m/s：then

if difference > 30°：

flag with an n

else if A > 5 m/s：

Tolerance =（A − 15.6）/（−0.188）

if difference > Tolerance：

flag with an n

end if

风速

公差随着风速变大而增大，使用与风向相同的变量 A。

if A > 12.35 m/s

if difference > 2.25 m/s：

flag with an n

else if A > 6 m/s：

Tolerance ＝ （A −16.1） ／ （−1.67）

if difference ＞ Tolerance：

flag with an n

else if Obs. Sped. ＜ 6 m/s：

if difference ＞ 5 m/s：

flag with an n

end if

波高时间连续性：f 标记

加载区域季节性一小时 ASCII 码值 id 限制。

确定从最后正常测量值到当前值时间 （delta_ time） 变化并使标准化到一小时 ［delta_ time ＝ （delta_ time/one_ hour） ］

确定从最后正常测量值到当前值变化 （delta_ value）

if delta_ time is greater than 3 hours：

SET delta_ time to 3 hours.

if delta_ time is zero

SET the change_ limit to half the regional−seasonal value

else

SET the change_ limit to the regional−seasonal limit ＊ delta_ time

end if

if the ascii id is "WVHGT" then

if the delta_ time equals one then

SET the change_ limit to （last good WVHGT+ 0.9） /3.92；

else if the delta_ time equals two then

SET the change_ limit to 1.41 ＊ （the last good WVHGT+0.9） /3.92；

end if

end if

if the delta_ value is greater than the change_ limit, WRITE the "f" flag.

end if

风向和波向一致性：w 标记

这算法提供：在 0.35 Hz 下的波向与主风向应在 25°内，此时主风向的风速大于 7 m/s，其风向是常量，波能（在 0.35 Hz 处）也不能忽略。

if WSPD > 7 M/S & ABS （ΔWDIR） < 30 degrees & C11 （0.35，t） > 0.003 m2/hz

then

if ABS （ALPHA1 （0.35） − WDIR） > 25 then

flag ALPHA1 with a w

end If

这里：

WSPD 表示此刻风速；

ΔWDIR 表示风向与前一小时的变化量；

AWDIR 表示自上个小时以来风向的变化；

ALPHA1 表示平均波向；

C11 （0.35，t） 表示在 0.35 Hz 下"t"时刻波能。

舷向与风向一致：z 标记

这种算法，是对直径 3m 圆形浮标（仅适用）提出的，就是浮标舷向和主风向夹角应在 25°内。这个数据库需要标注浮标体直径。

if Diameter = 3 m & WSPD > 7 m/s then

if ABS （BOWAZ − WDIR） > 25 then

flag both FWDIR & WDIR with a z

end if

这里：

WDIR 表示观测的风向；

BOWAZ 表示浮标舷向角；

DIAMETER 表示浮标体直径；

FWDIR 表示浮标前进方向。

水位时间连续性算法：f 标记

此算法基于手册第 4 章讨论的标准时间连续性检查，此方法计算逐次测量之间的允许偏差：

$$\sigma_\tau = 0.58\sigma\sqrt{\tau}$$

这里：

σ_τ 表示传感器之间的允许水位变化；

σ 表示水位数据集合的标准偏差；

τ 表示测量之间的时间增量（小时）

将上述方程修改为水位质量控制。唯一必须修改的是计算合适的 σ 值。几个站的一年水位数据显示，σ 平均值为 0.81。在测试上面的算法时，我们发现许多数据由于 τ 值小（6 分钟或 0.10 个小时）会被错误地标记，因此，为了适应小时间增量，此算法被修改为：

$$\sigma_\tau = 0.58\ 3\sigma\sqrt{\tau}$$

对于一个 6 分钟时间变化增量和 $\sigma = 0.81$，这个方程允许水位最大变化达 0.45 英尺。对于 6 分钟水位变化，这个值是合理的。若测量不符合公差，标记"f"。

if change in water level > σ_τ

flag water level with an f

end if

湿度与能见度检查：v 标记

当能见度出现高时，标记观测值：

if V > 3 (Ta － Td) + 4, and (Ta － Td) < 1

flag visibility with a v

end if

在低能见度的情况下：

if V < 0.5 (Ta － Td) － 1, and 4 < (Ta － Td) < 10 or, V < 4, and (Ta － Td) > 10

flag visibility with a v

end if

这里：

V 表示能见度，单位海里（n mile）；

Ta 表示气温，单位摄氏度（℃）；

Td 表示露点温度，单位摄氏度（℃）。

附录 E　质量控制标记

EQC 高级别标记（等级：由最高级到最低级）	
T	传输奇偶校验错误（适用于连续风和 non-WPM 波浪数据、DART® 数据）
M	传感器数据丢失（结果是乱码或丢失的信息）
W	WPM 的短期波浪数据，缺少一个校验，或奇偶校验错误检测
D	从发布和归档中删除测量值（数据分析员或自动 QC 判断传感器失效）
S	无效的统计参数（波浪，QMEAN 不在 QMIN 和 QMAX 之间，标记 WVHGT）
V	时间连续性失效
L	范围限制失效
H	产生层次逆转（仅适用 BARO，WSPD，WDIR）
R	相关的测量没有通过严格的质量控制检查

低级别标记（按字母顺序排列）	
a	测量是每月、地域的上限
b	测量是每月、地域的下限
d	标准偏差测试失败（仅适用于持续风）
f	每小时时间连续性测量失败
g	瞬时风速至平均风速失效（适用于标准和连续风）
i	连续和每小时风速不一致
j	在连续风信息字符中检测到一个（且只有一个）传输错误（所有连续风测量标记时，若检测的错误超过一个，则标记升级到 "T" 标记）
K	重复测量之间的差别太大
m	在波谱（C11）中检测到高频脉冲，标记 WVHGT
n	测量值与 NCEP 模型数值比较失败
p	波高到波周期比较试验失败
q	涌浪来自一个不可能的方向
r	相关测量失败（仅适用于持续风）

低级别标记（按字母顺序排列）

s	罗盘原始数据固定不变（标记 RCOMP 和 WDIR）
t	重复的传感器趋势差别太大
v	相对湿度和能见度相互校核失败
w	风向和波向相互校核失败
x	相对于主风速，风浪能谱太高
y	相对于主风速，风浪能谱太低
z	艏向和风向相互校核失败

附录 F 海啸测量的 ASCII IDS

ASCII ID	定义	适用的信息类型和注释
ACQMIN	采集时间结束（小时，分钟）	All Messages
TSBATT1	DART 的 水下单元（BPR）电池电压	D＄1
TSBATT2	DART 的调制解调器电池电压	D＄1
TSBATT3	DART 的#2 调制解调器电池电压	D＄1
TSHT1	DART 的水柱高度 1	D＄1，D＄2，and D＄3
TSHT2	DART 的水柱高度 2	D＄1
TSHT3	DART 的水柱高度 3	D＄1
TSHT4	DART 的水柱高度 4	D＄1
TSSTAT	DART 的状态信息	All Messages
TSTRIES	尝试传输水下单元（BPR）数据的次数	D＄1，D＄2，and D＄3
TSTYPE	DART 的信息类型	All Messages
TSFDPTIM	海啸事件第一组数据点时间	D＄2 and D＄3
TSMSGNUM	DART 的信息编号	D＄2
TSTIME	DART 的海啸检测时间	D＄2 and D＄3
TSDEV1	水位绝对偏差	D＄2 and D＄3
TSDEV2	水位绝对偏差	D＄2 and D＄3
TSDEV3	水位绝对偏差	D＄2 and D＄3
TSDEV4	水位绝对偏差	D＄2（TSMSGNUM 01 至 17）and D＄3
TSDEV5	水位绝对偏差	D＄2（TSMSGNUM 01 至 17）and D＄3
TSDEV6	水位绝对偏差	D＄2（TSMSGNUM 01 至 17）and D＄3
TSDEV7	水位绝对偏差	D＄2（TSMSGNUM 01 至 17）and D＄3

续表

ASCII ID	定义	适用的信息类型和注释
TSDEV8	水位绝对偏差	D $ 2（TSMSGNUM 01 至 17）and D $ 3
TSDEV9	水位绝对偏差	D $ 2（TSMSGNUM 01 至 17）and D $ 3
TSDEV10	水位绝对偏差	D $ 2（TSMSGNUM 01 至 17）and D $ 3
TSDEV11	水位绝对偏差	D $ 2（TSMSGNUM 01 至 17）and D $ 3
TSDEV12	水位绝对偏差	D $ 2（TSMSGNUM 01 至 17）and D $ 3
TSDEV13	水位绝对偏差	D $ 2（TSMSGNUM 01 至 17）and D $ 3
TSDEV14	水位绝对偏差	D $ 2（TSMSGNUM 01 至 17）and D $ 3
TSDEV15	水位绝对偏差	D $ 2（TSMSGNUM 01 至 17）and D $ 3
TSDEV16	水位绝对偏差	D $ 3
TSDEV17	水位绝对偏差	D $ 3
TSDEV18	水位绝对偏差	D $ 3
TSDEV19	水位绝对偏差	D $ 3
TSDEV20	水位绝对偏差	D $ 3
TSDEV21	水位绝对偏差	D $ 3
TSDEV22	水位绝对偏差	D $ 3
TSDEV23	水位绝对偏差	D $ 3
TSDEV24	水位绝对偏差	D $ 3
TSDEV25	水位绝对偏差	D $ 3
TSDEV26	水位绝对偏差	D $ 3
TSDEV27	水位绝对偏差	D $ 3
TSDEV28	水位绝对偏差	D $ 3
TSDEV29	水位绝对偏差	D $ 3
TSDEV30	水位绝对偏差	D $ 3

ASCII ID	定义	适用的信息类型和注释
TSDEV31	水位绝对偏差	D $ 3
TSDEV32	水位绝对偏差	D $ 3
TSDEV33	水位绝对偏差	D $ 3
TSDEV34	水位绝对偏差	D $ 3
TSDEV35	水位绝对偏差	D $ 3
TSDEV36	水位绝对偏差	D $ 3
TSDEV37	水位绝对偏差	D $ 3
TSDEV38	水位绝对偏差	D $ 3
TSDEV39	水位绝对偏差	D $ 3
TSDEV40	水位绝对偏差	D $ 3
TSDEV41	水位绝对偏差	D $ 3
TSDEV42	水位绝对偏差	D $ 3
TSDEV43	水位绝对偏差	D $ 3
TSDEV44	水位绝对偏差	D $ 3
TSDEV45	水位绝对偏差	D $ 3
TSDEV46	水位绝对偏差	D $ 3
TSDEV47	水位绝对偏差	D $ 3
TSDEV48	水位绝对偏差	D $ 3
TSDEV49	水位绝对偏差	D $ 3
TSDEV50	水位绝对偏差	D $ 3
TSDEV51	水位绝对偏差	D $ 3
TSDEV52	水位绝对偏差	D $ 3
TSDEV53	水位绝对偏差	D $ 3
TSDEV54	水位绝对偏差	D $ 3
TSDEV55	水位绝对偏差	D $ 3
TSDEV56	水位绝对偏差	D $ 3
TSDEV57	水位绝对偏差	D $ 3
TSDEV58	水位绝对偏差	D $ 3
TSDEV59	水位绝对偏差	D $ 3
TSDEV60	水位绝对偏差	D $ 3
TSDEV61	水位绝对偏差	D $ 3

ASCII ID	定义	适用的信息类型和注释
TSDEV62	水位绝对偏差	D $ 3
TSDEV63	水位绝对偏差	D $ 3
TSDEV64	水位绝对偏差	D $ 3
TSDEV65	水位绝对偏差	D $ 3
TSDEV66	水位绝对偏差	D $ 3
TSDEV67	水位绝对偏差	D $ 3
TSDEV68	水位绝对偏差	D $ 3
TSDEV69	水位绝对偏差	D $ 3
TSDEV70	水位绝对偏差	D $ 3
TSDEV71	水位绝对偏差	D $ 3
TSDEV72	水位绝对偏差	D $ 3
TSDEV73	水位绝对偏差	D $ 3
TSDEV74	水位绝对偏差	D $ 3
TSDEV75	水位绝对偏差	D $ 3
TSDEV76	水位绝对偏差	D $ 3
TSDEV77	水位绝对偏差	D $ 3
TSDEV78	水位绝对偏差	D $ 3
TSDEV79	水位绝对偏差	D $ 3
TSDEV80	水位绝对偏差	D $ 3
TSDEV81	水位绝对偏差	D $ 3
TSDEV82	水位绝对偏差	D $ 3
TSDEV83	水位绝对偏差	D $ 3
TSDEV84	水位绝对偏差	D $ 3
TSDEV85	水位绝对偏差	D $ 3
TSDEV86	水位绝对偏差	D $ 3
TSDEV87	水位绝对偏差	D $ 3
TSDEV88	水位绝对偏差	D $ 3
TSDEV89	水位绝对偏差	D $ 3
TSDEV90	水位绝对偏差	D $ 3
TSDEV91	水位绝对偏差	D $ 3
TSDEV92	水位绝对偏差	D $ 3

ASCII ID	定义	适用的信息类型和注释
TSDEV93	水位绝对偏差	D $ 3
TSDEV94	水位绝对偏差	D $ 3
TSDEV95	水位绝对偏差	D $ 3
TSDEV96	水位绝对偏差	D $ 3
TSDEV97	水位绝对偏差	D $ 3
TSDEV98	水位绝对偏差	D $ 3
TSDEV99	水位绝对偏差	D $ 3
TSDEV100	水位绝对偏差	D $ 3
TSDEV101	水位绝对偏差	D $ 3
TSDEV102	水位绝对偏差	D $ 3
TSDEV103	水位绝对偏差	D $ 3
TSDEV104	水位绝对偏差	D $ 3
TSDEV105	水位绝对偏差	D $ 3
TSDEV106	水位绝对偏差	D $ 3
TSDEV107	水位绝对偏差	D $ 3
TSDEV108	水位绝对偏差	D $ 3
TSDEV109	水位绝对偏差	D $ 3
TSDEV110	水位绝对偏差	D $ 3
TSDEV111	水位绝对偏差	D $ 3
TSDEV112	水位绝对偏差	D $ 3
TSDEV113	水位绝对偏差	D $ 3
TSDEV114	水位绝对偏差	D $ 3
TSDEV115	水位绝对偏差	D $ 3
TSDEV116	水位绝对偏差	D $ 3
TSDEV117	水位绝对偏差	D $ 3
TSDEV118	水位绝对偏差	D $ 3
TSDEV119	水位绝对偏差	D $ 3

缩略语词汇表

ADCP	声学多普勒海流计
ARES	自动报告环境系统
ATLAS	自动温度采集系统
AWIPS	先进天气交互处理系统
C-MAN	沿海海洋自动化观测网
DAC	数据组装中心
DACT	数据采集和控制遥测
DART©	深海海啸评估及预警系统
DAPS	数据采集和处理系统
DDWM	数字定向波模块
DEU	DACT 电子单位
DOD	国防部
DQA	数据质量分析师
DRGS	地面接收站
DWA	方向波分析仪
DWA/MO	DWA 磁力计配置
DWPM	定向波处理模块
EQC	环境质量控制
ERL	环境研究实验室
FFT	快速傅里叶变换

FOS	家庭服务
ftp	文件传输协议
GOES	地球静止运行环境卫星
GRIB	网格二进制
GTS	全球电信系统
hPa	百帕
ID	标识符
IOOS	综合海洋观测系统
LIFO	最后进/出
MARS	多功能采集和报告系统
METAR	气象航空报告（WMO Code FM-15）
MMS	矿产管理局
NASA	美国国家航空和航天局
NCEP	国家环境预报中心
NCDC	国家气候数据中心
NGDC	国家地球物理数据中心
NDBC	国家资料浮标中心
NEMIS	NDBC 企业管理信息系统
NESDIS	国家环境卫星，数据和信息服务
NOAA	国家海洋大气管理局
NODC	国家海洋学数据中心
NOS	国家海洋局
NTSC	NDBC 技术服务承包商
NWS	国家气象局
NWSTG	NWS 远程通信网关

ORG	光学雨量计
PAR	光合有效辐射
PCC	分析器控制中心
PDM	剖析器数据管理
psu	盐度单位
QA	质量保证
QC	质量控制
s or sec	秒
SRG	虹吸雨量计
SSC	斯坦尼斯空间中心
TAO	热带大气海洋浮标
VEEP	价值工程环境装备
WA	波分析仪
WDA	波形数据分析仪
WMO	世界气象组织
WPM	波形处理模块